职业教育计算机应用技术专业系列教材

程序设计基础

主　编　王秀玲　党金胜

副主编　马　洁　贾　涛　陈春华

参　编　白伟杰　李　展　王明芳

　　　　　王　辉　赵华丽

U0256065

机械工业出版社

程序设计是学习计算机类专业的学生必须掌握的一项基本技能。本书以实际案例为引领，以创新能力培养为主线，将课程知识体系整合，在内容的组织中注意体现学生设计能力培养的循序渐进性。本书从初学者的角度，以形象的比喻、实用的案例、通俗易懂的语言详细介绍了 C 语言编程的内容和技巧。

本书共 10 篇，其中第 1 篇主要介绍了 C 语言的发展史、特点和开发环境 C-Free 5.0。第 2～5 篇主要讲解了 C 语言的数据类型与表达式、基本结构、数组、函数等基础知识。第 6～9 篇是 C 语言的提高部分，主要讲解了指针、字符串、结构体与共用体和文件等核心内容。第 10 篇为综合项目——学生成绩管理系统。

本书附有配套的源代码、习题、教学课件、教学大纲等资源，可在机工教育网下载。

本书适合作为职业院校相关专业程序设计类课程的教材，还可以作为从事程序设计、程序开发等行业人员的参考书籍。

图书在版编目 （CIP） 数据

程序设计基础 ／ 王秀玲，党金胜主编． —北京：机械工业出版社，2021.7
职业教育计算机应用技术专业系列教材
ISBN 978－7－111－68229－5

Ⅰ．①程…　Ⅱ.①王…　②党…　Ⅲ.①C 语言-程序设计-高等职业教育-教材　Ⅳ.①TP312.8

中国版本图书馆 CIP 数据核字 （2021） 第 091366 号

机械工业出版社 （北京市百万庄大街 22 号　邮政编码 100037）
策划编辑：梁　伟　赵志鹏　　　　责任编辑：赵志鹏
责任校对：张　力　　　　　　　　封面设计：马精明
责任印制：郜　敏
三河市宏达印刷有限公司印刷
2021 年 7 月第 1 版·第 1 次印刷
184mm×260mm·12.25 印张·274 千字
标准书号：ISBN 978－7－111－68229－5
定价：39.80 元

电话服务　　　　　　　　　　　　网络服务
客服电话：010-88361066　　　　　机 工 官 网：www.cmpbook.com
　　　　　010-88379833　　　　　机 工 官 博：weibo.com/cmp1952
　　　　　010-68326294　　　　　金 书 网：www.golden-book.com
封底无防伪标均为盗版　　　　机工教育服务网：www.cmpedu.com

作为一种技术的入门教程，最重要的也最难的一件事情就是将一些非常复杂、难以理解的思想和问题简单化，让初学者能够轻松理解并快速掌握。本书以学习任务为核心、程序开发过程为导向，对每个案例都进行了深入的分析，对知识点进行了详细的介绍，并针对每个知识点精心设计了相关模拟案例，模拟这些知识点在实际工作中的运用，真正做到了知识的由浅入深，由易到难。

通过本书的学习，可以培养读者计算机编程基本思想、编程基本技能及逻辑思维能力，并让读者掌握运用编程思想来解决岗位工作中实际问题的方法和步骤，为提高职业能力和拓展职业空间打下坚实基础。

本书共分为 10 篇：

● 第 1 篇主要介绍了 C 语言的发展历史、开发环境使用、代码风格以及如何编写 C 语言程序等内容。通过本篇的学习，了解 C 语言的发展历程及特点，掌握 C-Free 5.0 开发工具的使用。

● 第 2~5 篇主要讲解了 C 语言的数据类型与表达式、基本结构、数组、函数等基础知识的用法。在讲解这一部分时，提供了大量的案例，以帮助读者进行学习。这部分是 C 语言最基础的内容，学习这部分知识时，一定要做到认真仔细，认真熟练地掌握每一个案例和知识点。

● 第 6~9 篇主要讲解了指针、字符串、结构体与共用体和文件操作等。这部分是 C 语言最核心的部分，在学习时需要花大量的精力去掌握，只有熟练掌握了这些知识，才算真正学好了 C 语言。在学习这部分时建议多思考、理清思路、分析问题后再找解决方法，并要善于总结。

● 第 10 篇为综合项目——学生成绩管理系统。

本书附有配套的源代码、习题、教学课件、教学大纲等资源。

教学建议：

篇	动手操作学时	理论学时
概述	2	2
数据类型与表达式	6	4
结构化设计	6	4
数组	6	4
函数	6	4
指针	4	2
字符串	4	2
结构体与共用体	2	2
文件	2	2
学生成绩管理系统	6	4
合计	44	30

本书第 1 篇由白伟杰编写，第 2 篇由王辉编写，第 3 篇、第 9 篇由党金胜编写，第 4 篇由贾涛编写，第 5 篇、第 7 篇由马洁编写，第 6 篇由陈春华编写，第 8 篇、第 10 篇由王秀玲编写，附录由李展、王明芳、赵华丽编写，最后由王秀玲、党金胜、李展统稿。

在本书的编写过程中，参考了许多相关的书籍和资料，在此对这些参考文献的作者表示感谢。

因水平有限，书中难免存在错漏和不妥之处，望读者批评指正，以利改进和提高。

编　者

目 录
contents

第4篇 数　组

第5篇 函　数

第6篇 指　针

第7篇 字　符　串

第8篇   结构体与共用体

第9篇   文   件

第10篇   综合项目——学生成绩管理系统

附   录

第 1 篇　概述

麦子想学习一门程序设计语言，但是不知道学哪个语言好，为此向老师求助。

麦子：老师，我准备学习一门程序语言，应该学什么好啊？

老师：麦子，建议你学习 C 语言吧，它是入门的程序语言。

麦子：噢，C 语言，为什么要先学习 C 语言，而不是其他的语言呢？

老师：C 语言是一门非常基础的程序设计语言，因为其他的语言几乎都是从 C 语言演变过来的，很多的形式、思路都和 C 语言一样，所以学会了 C 语言再学其他语言就能触类旁通了。

麦子：好的，明白了，谢谢老师。

老师：不用客气。

本篇重点

了解 C 语言的发展历程及特点

掌握 C-Free 5.0 开发工具的使用

掌握 HelloWorld 案例的编写

C 语言是一门"古老"且非常优秀的结构化程序设计语言。由于其功能强大、使用灵活、可移植性好、目标程序质量好而受到广泛的欢迎。C 语言既具有高级语言的特点，又具有低级语言的许多特点，既可以用来编写系统软件，又可以用来编写应用软件。C 语言已成为软件工作者必须掌握的一个工具。

本书就带领大家深入 C 语言编程世界，揭开它神秘的面纱。作为整本书的第 1 篇，本篇将针对 C 语言的发展历史、开发环境使用、代码风格以及如何编写 C 语言程序等内容进行详细的讲解。

1.1

C 语言的历史和特点

1.1.1 C 语言的起源与发展

自从计算机诞生以来，为了更好地进行软件设计，各种高级程序设计语言也在不断地发展、进步和完善。C 语言就是其中最优秀的程序设计语言之一。C 语言是目前世界上最流行、使用最广泛的高级程序设计语言。在设计操作系统等系统软件和需要对硬件进行操作时，使用 C 语言编程明显优于其他高级语言，许多大型应用软件和系统软件都是用 C 语言编写的。

从图 1-1 可以看出 C 语言的发展历史。

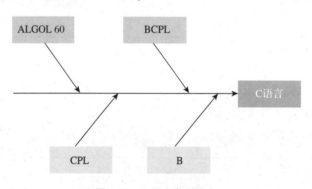

图 1-1 C 语言发展历史

1963 年，剑桥大学将 ALGOL 60 语言发展成为 CPL（Combined Programming Language）语言。

1967 年，剑桥大学的马丁·理查兹（Martin Richards）对 CPL 语言进行了简化，于是产生了 BCPL 语言。

1970 年，美国贝尔实验室的肯·汤普森（Ken Thompson）对 BCPL 进行了修改，并将其命名为 "B 语言"，其含义是将 CPL 语言煮干，提炼出它的精华。之后他用 B 语言重写了 UNIX 操作系统。

1973 年，美国贝尔实验室的丹尼斯·里奇（Dennis Ritchie）在 B 语言的基础上设计出了一种新的语言，他取了 BCPL 的第二个字母作为这种语言的名字，即 C 语言。

1978 年，布莱恩·柯林汉（Brian Kernighan）和丹尼斯·里奇（Dennis Ritchie）制作了 C 语言的第一个公开可用的描述，现在被称为 K&R 标准。

1.1.2　C 语言的标准

随着微型计算机的普及，许多 C 语言版本出现了。由于一些新的特性不断被各种编译器实现并添加，这些 C 语言之间出现了一些不一致的地方。为了建立一个"无歧义、与具体平台无关"的 C 语言定义，美国国家标准学会（ANSI）为 C 语言制定了一套标准，即 ANSI C 标准。

1989 年美国国家标准学会（ANSI）通过的 C 语言标准 ANSI X3. 159 – 1989，被称为 C89。

Brian W. Kernighian 和 Dennis M. Ritchie 根据这个标准，重写了他们的经典著作，并发表了《The C Programming Language》，书中根据 C89 进行了更新。1990 年，国际标准化组织 ISO 批准 ANSI C 成为国际标准，于是 ISO C 诞生了，该标准被称为 C90。这两个标准只有细微的差别，因此，通常认为 C89 和 C90 指的是同一个版本。

之后，ISO 于 1994 年、1996 年分别出版了 C90 的技术勘误文档，更正了一些印刷错误，并在 1995 年通过了一份 C90 的技术补充，对 C90 进行了微小的扩充，经扩充后的 ISO C 被称为 C95。

1999 年，ANSI 和 ISO 又通过了 C99 标准。C99 标准相对于 C89 做了很多修改，例如变量声明可以不放在函数开头，支持变长数组等。但由于很多编译器仍然没有对 C99 提供完整的支持，因此本书将按照 C89 标准来进行讲解，在适当时会补充 C99 标准的规定和用法。

1.1.3　C 语言的特点

C 语言是一种结构化语言，有清晰的层次，可按照模块方式对程序进行编写，十分有利于程序调试，同时 C 语言的处理和表现能力也非常强大，既能开发系统程序，也能开发应用软件。C 语言主要特点如下：

1）语言简洁、紧凑，使用方便、灵活。

C 语言原有 32 个关键字（C99 增加 5 个，C11 增加 7 个）、9 种控制语言，程序书写形式自由，主要用小写字母表示，压缩了一些不必要的成分。

2）运算符丰富。

C 语言的运算符包括的范围很广泛，共有 34 个运算符。C 语言把括号、赋值、强制类型转换等都作为运算符处理。从而使 C 语言的运算类型极其丰富、表达式类型多样，灵活使用各种运算符可以实现在其他高级语言中难以实现的运算。

3）C 语言数据类型丰富。

数据类型有整型、浮点型、字符型、数组类型、指针类型、结构体类型、联合体类型等，能实现各种复杂数据类型的运算，使程序效率更高。

4）C 语言是结构化语言，可使程序层次清晰，便于使用、维护以及调试。

结构化语言的显著特点是代码及数据的分隔化，即程序的各个部分除了必要的信息交流外彼此独立。这种结构化方式可使程序层次清晰，便于使用、维护以及调试。C 语言提供给用户多个函数，这些函数可方便地调用，并具有多种循环语句、条件语句来控制程序流程，从而使程序完全结构化。

5）C 语言允许直接访问物理地址，可以直接对硬件进行操作。

C 语言既具有高级语言的功能，又具有低级语言的许多功能，C 语言的这种双重性，使它既是成功的系统描述语言，又是通用的程序设计语言。

6）使用 C 语言编写的程序可移植性好。

C 语言适用于多种操作系统，如 DOS、UNIX，也适用于多种机型。

7）C 语言程序生成目标代码质量高，程序执行效率高。

C 语言程序执行效率高，一般只比汇编语言程序生成的目标代码效率低 10% ~ 20%。

1.2
C 语言的编译环境与程序结构

1.2.1　C 语言的编译环境

在 C 语言学习的过程中，有一些集成的开发环境如 Microsoft Visual C ++ 6.0、Visual Studio 等可以使用，但是为了学习方便，我们会选择一些较便捷的开发工具，如 Dev C ++ 、Code::Blocks、C-Free。本教材我们选用的是 C-Free 5.0。下面来看一下 C-Free 5.0 的使用。该软件安装十分简单，软件也非常小，我们不再讲述。

启动 C-Free 5.0，选择新建文件，如图 1 – 2 所示。

图 1-2　C-Free 开始界面

文件默认的名字为"未命名 1. cpp"，编辑完代码，要对文件进行保存，保存时要修改两个地方，一是要把文件的名字改为英文字符来命名的，二是要把文件的扩展名 . cpp 改为 . c。. cpp 是默认的 C ++语言的源文件，要记得把文件后缀名修改过来。

接下来让我们来看一段简单的代码，可以输出"Hello, world"。

```c
#include <stdio.h>
int main()
{
/* 我的第一个 C 程序 */
printf("Hello, world \n");
return 0;
}
```

　　编辑完源代码后，先把文件保存为"hello. c"（切记修改文件的扩展名），然后选择"构建"－"编译"命令进行文件的编译，见图 1－3。

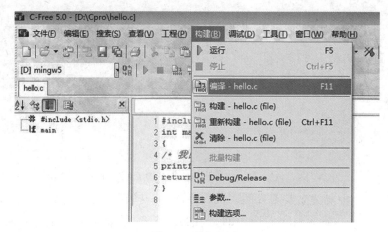

图 1-3　编译程序

　　编译成功后再选择"构建"－"运行"命令进行文件的运行，如图 1－4 所示，最后可以看到图 1－5 的结果。

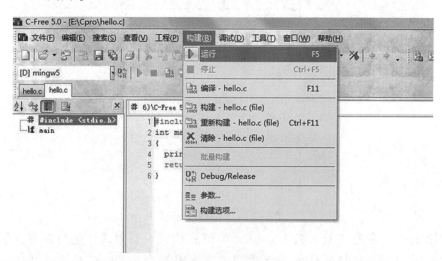

图 1-4　运行程序

图 1-5　程序运行结果

至此，一个简单、完整的程序就创建完成了。

1.2.2　C 语言的程序结构

一个 C 语言程序，可以是 3 行，也可以是数百万行，它可以写在一个或多个扩展名为 ".c" 的文本文件中，例如 hello.c。您可以使用 "vi""vim" 或任何其他文本编辑器来编写您的 C 语言程序。我们来分析一下刚才的程序。

C 程序主要包括以下部分：

- 预处理器指令
- 函数（1 个或多个）
- 变量
- 语句 & 表达式
- 注释

在上面的程序中：

- 程序的第一行#include <stdio.h> 是预处理器指令，告诉 C 编译器在实际编译之前要包含 stdio.h 文件。
- 下一行 int main( ) 是主函数，程序从这里开始执行。
- 下一行 / *…*/ 将会被编译器忽略，这里放置程序的注释内容。它们被称为程序的注释。
- 下一行 printf(…) 是 C 中另一个可用的函数，会在屏幕上显示消息 "Hello, World"。
- 下一行 return 0; 终止函数 main( )，并返回值 0。
- 在 C 语言程序中，以分号 ";" 作为结束标记的代码称为语句，如上述程序中第 5 行，第 6 行代码都是语句，被 "｛｝" 括起来的语句被称为语句块。

我来试一试

编辑一个简单的程序，显示自己的名字和年龄。

我来归纳

通过上面内容的学习，我们知道了 C 语言的发展历史及特点，C-Free 5 编译工具的使用，以及如何开发一个 HelloWorld 程序。通过本篇的学习，我们对 C 语言有一个应用层面上的认识，并了解如何开发一个 C 语言程序，很期待后面的学习。

习题

一、选择题

1. 以下不是 C 语言的特点的是 (　　　)。

　　A) 语言简洁紧凑　　　　　　　　　　B) 能够编制出功能复杂的程序

　　C) C 语言可以直接对硬件操作　　　　D) C 语言移植性好

2. 一个 C 程序是由 (　　　)。

　　A) 一个主程序和若干子程序组成　　　B) 一个或多个函数组成

　　C) 若干过程组成　　　　　　　　　　D) 若干子程序组成

3. C 语言程序的基本单位是 (　　　)。

　　A) 程序行　　　　　B) 语句　　　　　C) 函数　　　　　D) 字符

4. C 编译程序是 (　　　)。

　　A) C 程序的机器语言版本　　　　　　B) 一组机器语言指令

　　C) 将 C 源程序编译成目标程序　　　　D) 由制造厂家提供的一套应用软件

5. 一个 C 语言程序的执行是从 (　　　)。

　　A) 本程序的函数 main( ) 开始，到函数 main( ) 结束

　　B) 本程序文件的第一个函数开始，到本程序文件的最后一个函数结束

　　C) 本程序的函数 main( ) 开始，到本程序文件的最后一个函数结束

　　D) 本程序文件的第一个函数开始，到本程序函数 main( ) 结束

6. 下列语言中不属于计算机语言的三大类的是 (　　　)。

　　A) 机器语言　　　B) 汇编语言　　　C) 脚本语言　　　D) 高级语言

7. 下列关于 C 语言的说法错误的是 (　　　)。

　　A) C 程序的工作过程是编辑、编译、连接、运行

　　B) C 语言不区分大小写

　　C) C 程序的三种基本结构是顺序、选择、循环

　　D) C 程序从函数 main( ) 开始执行

二、编程题

编写程序，输出自己的姓名、学号、班级、专业等基本情况。

第2篇 数据类型与表达式

麦子通过前面几次课的学习，初步认识了 C 语言的应用范围、发展历史及特点，了解了 C 语言的上机环境以及步骤，但是总感觉还要进一步深入学习，为此向老师求助。

麦子：老师，我已经认识了 C 语言，现在想试着编写简单的程序，不知该如何下手？也不知 C 语言的编写规定？

老师：麦子，你的心情我是理解的，你是想马上进入实战环境，想进一步学习 C 语言，用它解决实际问题。接下来，我们就要学习 C 语言的数据类型与表达式的内容。

麦子：噢，我明白了，那我该如何学习这部分内容呢？

老师：计算器是解决数学问题的工具，也是微型计算机的一种，它把数据加工、处理、编译后输出。C 语言也能进行这类操作。C 语言的处理对象被划分为不同的数据类型分配到不同的存储空间。掌握 C 语言提供的基本数据类型、各种类型常数的表示方法、变量的定义及初始化，掌握五种基本算术运算符的使用，掌握算术运算符、自增自减运算符、逗号运算符和表达式的使用，最终才能结合实际问题写出合法的表达式。

麦子：哦，我知道该如何学习下面的内容了，谢谢老师。

老师：不用客气。

🔖 本篇重点

了解 C 语言的基本数据类型，熟悉常量和变量的表达

掌握赋值语句的构成及用法

掌握数据输入输出格式，完成输入输出

掌握算术运算符、自增自减运算符、逗号运算符、关系运算符和表达式

2.1
初出茅庐——数据结构

○ 教学指导

先设置算法，确定数据类型，再编写一个简单的个人成绩单程序。设定要输入、输出的成绩数据类型，整理思路，编写输出，上机编辑调试，输出调试结果。

○ 学习要点

- C 语言数据类型
- 各种类型常数的表达方法
- 变量定义及初始化

任务描述

今天我们开始 C 语言编程之旅。我们要解决的问题是制作一个简单的个人成绩单。首先我们应该先定义变量，然后输出结果，注意输出格式，上机编辑调试，输出调试结果：边框、学号、姓名、各科成绩及底边框的整体设计，最后输出既美观又实用的个人成绩表。

任务分析

看到这个任务以后，首先想到的是 C 语言的几种数据类型，怎样定义变量，以及输出格式等知识内容。为此，整理解决问题的思路（即算法）如下：

1）面对问题，想到以前学过 printf 输出 "hello world"；

2）先定义变量，int note, chinese, math, english；

3）为定义的所有变量设计输出，横列输出比较容易掌握，以后再进行复杂数据的输入及输出，如 "scanf（"%d %c %d %d %d", &note, &name , &chinese, &math, &english）;"；

4）按所要求的格式输出结果。

相关知识点

1. C 语言的基本数据类型

顾名思义，数据类型用来说明数据的类型，确定了数据的解释方式，让计算机和程序员不会产生歧义。

在现实生活中我们会遇到不同类型的数据类型，例如：整型、浮点型、字符型和字符型等，在 C 语言中，也有多种数据类型，例如：234 是整型常量，1.34e6 是浮点型常量，'a' 是字符型常量。以下介绍几种 C 语言的基本数据类型（表 2-1）。

表 2-1　常用的标准数据类型

类型标识符	名称	长度（B）
char	字符型	1
short	短整型	2
int 或 long	整型（长整型）	4
float	浮点型（实型）	4
double	双精度浮点型	8

2. 常量的定义及分类

程序运行过程中，其值不能被改变的量（常数）称之为常量。常量主要分为符号常量、整型常量、浮点型常量和字符常量。以下介绍几种 C 语言的常量类型（表 2-2）。

表 2-2　常用的常量类型

类型	实例
整型常量	567、0、23
浮点型常量	5.6、-53.4、6.3456
字符常量	'a' 'v' 'c'
符号常量	pi iu LO

（1）符号常量

常量可以用一个标识符来表示，称为符号常量，在程序开头用#define 命令来定义。例如：

```
#define  PI 3.14159
```

以后，只要是在文件中出现 PI 均可用 3.14159 来替代。

（2）整型常量

在计算机中，整数是准确表示的。C 语言可以识别十进制、八进制和十六进制的整数。

1）十进制整数。

十进制整数由正负号（+ 或 -）后跟数字串组成，正号可以省略不写，且开头的数字不能为 0。如 1234、-23、+187、32767、5600、0。

2）八进制整数。

以数字 0 打头，后跟 0~7 组成的数字串。例如 0123 表示八进制常数 123，相当于十进制数 83。

3）十六进制整数。

以数字 0 和小写字母 x（或大写字母 X）打头，后跟 0~9 及 A~F（或 a~f）组成的数字字母串。其中，A~F（或 a~f）分别表示十进制的 10~15。例如 0x2f 是一个十六进制常数，相当于十进制数 47。

（3）字符常量

字符常量是用单引号括住的单个字符。

1）单引号表示法。用于可显示字符，直接用单引号（撇号）将该字符括住，即表示字符常数。如 'A'、'a'、'5'、'$'、'?'、'+' 等。字符数据存放在内存中，不是字符本身，而是字符的代码，即 ASCII 码。表 2-3 列出了部分字符的 ASCII 码。

表 2-3　部分字符的 ASCII 码

字符	ASCII 码	字符	ASCII 码
回车	13	A	65
空格	32	B	66
*	42	…	…
0	48	Z	90
1	49	a	97
2	50	b	98
…	…	…	…
9	57	z	122

2）转义字符表示法。用于不可显示字符，主要是那些控制字符，如换行符、回车符、换页符等，还有一些在 C 语言中有特殊含义和用途的字符如单引号、双引号、反斜杠，只能用转义序列表示。例如，'\n'、'\012'、'\xa' 均表示换行符，因为换行符的 ASCII 代码八进制值是 12，十六进制值是 a。部分转义字符及其含义见表 2-4。

表 2-4　部分转义字符及其含义

转义字符	含义	转义字符	含义
\0	ASCII 代码值为 0	\n	换行符
\a	报警铃响	\r	回车符

（续）

转义字符	含义	转义字符	含义
\b	退格符	\t	水平制表符（Tab）
\f	换页符	\v	垂直制表符

（4）浮点型常量

C语言中的浮点类型主要分为单精度和双精度两种，一般以双精度为主。在C语言中，5和5.0是不同类型的数，5是整数，而5.0是双精度浮点数。

以下是正确合法的十进制浮点数表示：

5236.23、-2.3、0.5、.6、5.、5888888.00。

浮点数据还可以采用科学计数法，以下是正确合法的科学计数法浮点数表示：

1.235e3、0.268E-5、-.5E-6、2.e-7。

又如：$0.00023456 = 0.23456 \times 10^{-3}$，也可表示为0.23456e-3。它在内存中的存放方式如图2-1所示。

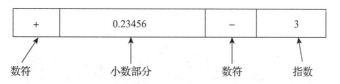

图2-1　浮点数在内存中的存放形式

3. 变量

变量是指那些在程序运行过程中其值可以改变的量。变量代表着存储器中的一个存储单元。现实生活中我们会找一个小箱子来存放物品，一来显得不那么凌乱，二来方便以后找到。计算机也是这个道理，我们需要先在内存中找一块区域，规定用它来存放整数，并起一个好记的名字，方便以后查找。这块区域就是"小箱子"，我们可以把整数放进去了。变量必须先定义后使用。如"int a = 50;"int是类型标识符，a是变量名，50是变量a的初值。

变量名和符号常量名命名方法相同，都用标识符表示。标识符只能由字母、数字和下划线组成，并且第1个字符必须为字母或下划线，不允许是数字。如sll-7、ac6、sum为合法的标识符。

例如：int a, b, c;
　　　char c1,c2;

上面两行语句定义了3个int型变量a、b、c和2个字符型变量c1、c2。

例如：int s,d;　　　　/*定义两个整数类型变量*/
　　　float s1,a2;　　　/*定义两个单精度浮点类型变量*/
　　　s = 254;　　　　　/*给变量赋初值*/
　　　s1 = 1.2356e3;

1）首先思考这个程序中的数值的定义，什么类型数据，怎样定义。

2）注意输出格式。

3）输出数据的数值。

```c
#include < stdio.h >
main()
{
    int  note,chinese,math,english;        //定义整数类型变量
    char name;                   //定义字符类型变量
    printf(" \n ------------------------------------------- \n");
    printf(" \nnote name  chinese math english \n");  //输出第二排内容
    scanf("%d %c  %d %d %d",&note,&name ,&chinese,&math,&english);
//按格式输入
    printf(" \n ------------------------------------------- \n");
}
```

程序运行结果如图 2 - 2 所示：

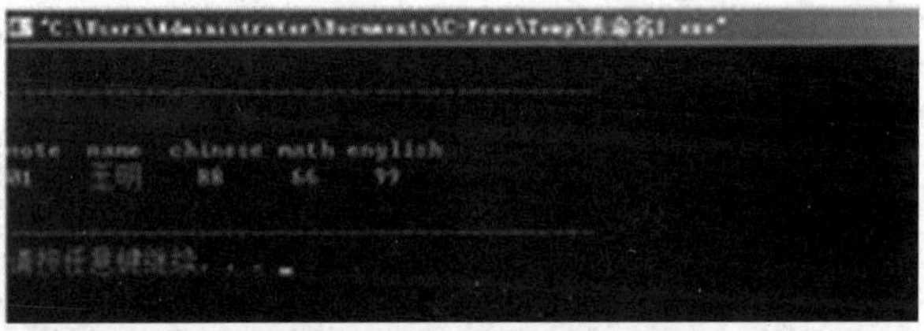

图2-2　运行结果

我来试一试

已知 $a = 88$，$b = 55.345$，$c = 33.2$，$c2 = 'w'$，输出 $a = 88$，$b = 55.345$，$c3 = 88 + 55.345$，$c2 - 1 = 'v'$。

我来归纳

通过上面内容的学习，我们知道 C 语言数据类型及表达式、变量定义及初始化和常量的类型及表达方式。通过不同数值数据的定义和赋值，我们明白了 C 语言数据结构的特点，也掌握了数据结构表达式的表达方法。

2.2
小试牛刀——赋值语句

◎ **教学指导**

　　计算前面一个案例的个人三门分数总和的平均分。先思考一下算法，然后转变成 C 语言编辑程序，运行结果。

◎ **学习要点**

- C 语言赋值语句的格式与功能
- 赋值语句中数据类型的转换
- 算术运算符的运用

任务描述

　　今天我们开始学习 C 语言的赋值语句。我们要解决的问题是个人成绩录入的平均分，在前面一个案例的基础之上，思考平均分的计算。我们可以给三门科目定义后赋初值，再利用算术运算计算出平均分，输出运算结果。

任务分析

　　看到"求一个同学三门课程成绩的平均分"任务以后，首先想到如何存储三门课程的成绩（也就是变量的定义和赋值），其次想到如何实现平均分的计算，最后把个人三门课程的成绩和平均分输出。

1）面对问题，想到以前学过数据类型；

2）先定义变量，int chi，mat，eng；float ave；；

3）为定义的变量赋初值，如"chi =33"；

4）运用算术运算符求 ave，并进行程序编写和输出结果。

相关知识点

　　1. 赋值语句的格式与功能

　　在赋值语句中，它的一般形式是：

变量标识符 = 表达式；

这个语句实际上是将一个数据（常量或表达式）赋给一个变量。"="是赋值运算符，它的意思是将右边数据的值赋值给左边变量。"="号左边只能是变量，不能是表达式或常量，而等号右边可以是表达式，也可以是变量或常量。如：

a = 55.2；

其中 a 是变量名，"="为赋值符。整个语句表示将 55.2 赋给变量 a。

若再执行语句。如：

a = a + 22；

则表示将 a 的值 55.2 取出，再将它与 22 相加，将结果 77.2 存入 a 中，即变量 a 的当前值为 77.2。

所谓语句就是一个能够表达完整意思的句子结构。要注意 C 语言的 "="（赋值运算符）与数学方程中的 "="（等于）的意义是完全不同的 。如：

3 = x - 2 * y； a + b = 3；

这样的语句就是错误的。

赋值语句中赋值表达式的值与变量值相等，且可嵌套，如下：

```
a = b = c = 5            //表达式值为 5，a,b,c 值为 5
a = (b = 5)             //b = 5;a = 5
a = 5 + (c = 6)         //表达式值 11，c = 6，a = 11
a = (b = 4) + (c = 6)    //表达式值 10，a = 10，b = 4，c = 6
a = (b = 10)/(c = 2)    //表达式值 5，a = 5，b = 10，c = 2
```

另外 C 语言还有一些复合赋值运算，+ =   - =   * =   / = 等，如图 2 - 3 所示语句：

$$a + = 3 \longleftrightarrow a = a + 3$$
$$x * = y + 8 \longleftrightarrow x = x * (y + 8)$$
$$x\% = 3 \longleftrightarrow x = x\%3$$

图 2 - 3 复合赋值运算表达式

2. 赋值语句中的类型转换

首先要将右边的值的数据类型转换成左边变量的类型。也就是说，左边变量是什么数据类型，右边的值就要转换成什么数据类型的值。这个过程可能导致右边的值的类型升级，也可能导致其类型降级（demotion）。所谓"降级"，是指等级较高的类型被转换成等级较低的类型。

作为参数传递给函数时，char 和 short 会被转换成 int，float 会被转换成 double。使用函数原型可以避免这种自动升级。

类型升级通常不会有什么问题，但是类型降级却会带来不少问题。

例：float f ； int i =10；   f =i；

则 f =10.0   //将 int 转换成 float 时,不会改变精度,只会改变值的表现形式

例：int i；

    i =2.56；   //结果 i =2,当右边值的类型比左边长时,会导致右边数据的截取

3. 算术运算符

学习运算符应注意：运算符功能与运算量关系（要求运算量个数 、要求运算量类型），运算符优先级别，结合方向，结果的类型。算术运算符见表2-5。

表2-5　算术运算符

运算符	优先级	例子
( )	1	2 * (3 - 1)
*	3	5 * 7 = 35
/	3	88/22 = 4
%	3	10%3 = 1
+	4	8 + 6 = 14
-	4	8 - 6 = 2

注：

1. "-"可为单目运算符，具有右结合性。

2. 两整数相除，结果为整数。

3. %要求两侧均为整型数据。

4. + - * / 运算的两个数中有一个数为实数，结果是 double 型。每个运算符都有一个优先级，如乘法与除法的优先级高于加法与减法，在对表达式求值时，按运算符优先级的高低次序进行，如先乘除、后加减。"( )"可改变运算次序。若一个运算符对象两侧的运算符的优先级相同，则按规定的"结合方向"处理运行结果，算术运算符的结合方向都是"从左到右"。以后可以看到，有些运算符的结合为"从右到左"，即"右结合性"。

操作步骤

1）首先思考这个程序中的数值的定义，什么类型数据，怎样定义。

2）给变量赋初值。

3）怎样计算 'ave'。

4）输出数据的数值。

```
#include<stdio.h>
main()
{
  int chi,mat,eng;
  float ave;
  chi=33;              //给几门科目赋初值
  mat=66;
  eng=77;
  ave=(chi+mat+eng)/3;     //运算求出平均值
  printf("chi=%3d mat=%3d eng=%3d ave=%8.3f",chi,mat,eng,ave);
     //输出各门成绩和平均分
}
```

程序运行结果如图2-4所示：

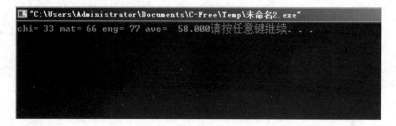

图2-4　运行结果

我来试一试

已知 a = 350，输出 a = 350，b = 350.0000，c = 94（是字符型数据转换成整数型的结果）。

我来归纳

通过上面内容的学习，我们知道 C 语言赋值语句的格式与功能，赋值语句中的类型转换，明白了 C 语言赋值语句的格式，数据类型转换，算术运算符运用等问题。

2.3
深入学习——数据的输入、输出

教学指导

　　思考数学问题，使用 C 语言编写程序并输出结果。从键盘上输入圆柱体的底面半径（radius）和高（high），求其体积，调试输出结果。

学习要点

- 字符输出函数的格式 putchar( )
- 格式化输出函数 printf( )
- 字符输入函数格式 getchar( )
- 格式化输入函数 scanf( )

任务描述

　　今天我们开始学习 C 语言的数据与字符的输入、输出。我们前面学习了个人成绩表的录入和个人成绩的平均分的计算。我们发现算法是基础，是思考问题的关键，C 语言规则是辅助，是成功编写 C 语言程序必不可少的。所以今天我们要从实际数学例题出发，转变思路，化为 C 语言的合法语句，最后输出结果。今天的任务是从键盘上输入圆柱体的底面半径和高，求其体积。

任务分析

　　看到这个任务以后，首先想到如何从键盘上输入底面半径和高，要使用到 scanf 输入函数。然后计算体积，最后使用格式化输出函数输出半径、高和体积。

　　1）面对问题，想到以前用到的 printf 输出函数（想一想格式输入函数与格式输出函数的格式并区分）；

　　2）先定义半径、高、体积；

　　3）从键盘输入两个实数赋给变量 radius 和 high；

　　4）计算体积，并输出结果。

相关知识点

1. 数据的输出

1）字符输出函数 putchar( )。

putchar 函数(单字符输出函数)

格式：putchar('字符');或 putchar(字符变量);

其中，输出函数是一个字符型常量或变量，也可以是一个取值不大于 255 的整型常量或变量。该函数的功能是向标准输出设备输出一个字符。

例：字符输出函数 putchar( )的功能实例。

```
#include <stdio.h>
  void main()
{     int b;
     b = 65;
     char c = 'A';
     putchar(c);     /* 输出字符 A */
     putchar('\n');    /* 对字符进行换行 */
     putchar('#');    /* 输出字符"#" */
     putchar('\n');
     putchar(65);    /* 输出字符"A" */
}
```

该程序运行时，首先在屏幕上显示字母 A，换行后，再显示字符"#"，换行后再把整型对应的字符输出。结果如图 2-5 所示。

图 2-5　运行结果

2）格式化输出函数 printf( )。

printf 函数(格式输出函数)

printf 函数的一般格式：printf(格式控制,输出表列);

格式控制：用双引号括起来的字符串，包含两种信息；

格式说明:% ［修饰符］格式字符，指定输出格式；

普通字符：原样输出；

输出表列：要输出的数据，可以是变量或表达式，可以没有，多个时以"，"分隔。其中，"输出格式串"包含格式符或非格式符。"格式符"以"%"开头且后面跟一个字母，输出格式符见表2－6，输出格式串中的对应关系如图2－6所示。

表2－6　输出格式符

格式转换说明符	功能说明
%c	按字符形式输出
%d 或%i	按十进制整数形式输出
%o	按八进制整数形式输出
%x	按十六进制整数形式输出
%f	按浮点形式输出,默认为6位小数(科学表示法)
%e 或%E	按浮点形式输出,显示宽度不小于 m,n 位小数

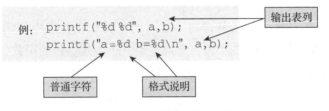

图2－6　输出格式串中的对应关系

例：整数输出。

```
/* %d 格式的函数 printf( )使用 */
#include <stdio.h>
void main()
{
    int a = 3,b = 4;
    printf("%d  %d\n",a,b);
    printf("a = %d , b = %d\n",a,b);
}
```

运行结果如图2－7所示。

例：%f 格式输出双精度实数时的有效位数。

```
#include <stdio.h>
void main()
{ double x,y;
  x =1111111111111.111111111;
  y =2222222222222.222222222;
   printf("%f\n",x+y);
}
```

运行结果如图2-8所示。

图2-7 整数输出结果

图2-8 %f格式输出结果

2. 数据的输入

1) 单字符输入函数 getchar()。

调用函数 getchar() 的一般格式为:

getchar();

函数 getchar() 的功能是接收从键盘上输入的字符。在程序中使用这个函数输入字符时,可以用一个变量来接收读取的字符,上面这是一个不带参数的函数,即圆括号中没有参数,但圆括号不能省略。

例:输入字符函数 getchar()。

```
#include <stdio.h>
  main()
   {
         char c;
   c =getchar();
   printf("%c\n",c);
   printf("%d\n",c);
   }
```

程序运行时,等待用户从键盘输入字符,假设用户按了字母 a 及回车键,则屏幕显示:

```
a↓     (键盘输入)
a      (函数 printf()按字符格式显示 c 的值)
97     (函数 printf()按整数格式显示 c 的值)
```

运行结果如图2-9所示。

2）函数 scanf( )。

函数 scanf( )可以用于所有类型数据的输入，采用不同的格式转换说明符将不同类型的数据从标准输入设备读入内存。其调用的一般形式为：

scanf("格式控制字符串",输入项目清单);

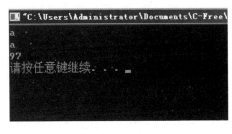

图2-9　输入字符函数 getchar( ) 结果

功能：按指定格式从键盘读入数据，存入地址表指定的存储单元中，并按回车键结束。

格式控制：含义同函数 printf( )。输入格式见表2-7。

地址表列：变量地址或字符串地址，地址间用 "," 分隔。

强调：地址列表中每一项必须取地址运算符 &。

表2-7　输入格式

格式符	功能说明
%c	接收一个字符型数据
%d	接收一个整型数据
%f	接收一个浮点型数据(float)
%1f	接收一个浮点型数据(double)

scanf("a = % f,b = % f",&a,&b);

&a，&b 分别表示变量 a 和 b 的地址，如输入 a = 55. 231，b = 0. 1234 表示将 55. 231 和 0. 1234 分别写入 a 和 b 所在的存储单元。

例：用函数 scanf( ) 输入数据。

```
#include <stdio.h>
void main()
{  int a , b , c ;
   scanf("%d%d%d",&a,&b,&c) ;    //输入整数变量,如:4、5、6
   printf("%d, %d, %d\n",a,b,c) ;    //输出结果,4、5、6
}
```

操作步骤

1）首先思考这个程序中重要的元素，如：半径、PI 的值。

2）如果从键盘输入半径，应怎样表达。PI 的值应该怎样定义。

3）套用圆柱体积计算公式。

4）输出圆柱体积的数值结果。

```
#include <stdio.h>
#define PI 3.14159
main()
{
    float radius,high,vol;
    printf("Please input radius and high:");
    scanf("%f %f",& radius,& high);        //从键盘输入两个实数赋给变量 radius,high
    vol = PI * radius * radius * high;     //计算体积
    printf("radius =%7.2f\n high =%7.2f\n vol =%7.2f\n", radius, high, vol);
    //按相同格式(7 位,2 位小数)输出半径、高和体积
}
```

程序运行结果如图 2-10 所示。

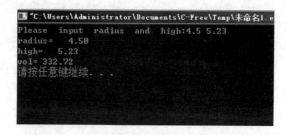

图 2-10　运行结果

● ∴ ─────
　我来试一试

计算 $v=\dfrac{4}{3}\pi r^{3}$，将数学表达式写成 C 语言表达式。

● ∴ ─────
　我来归纳

通过上面内容的学习，我们掌握了 C 语言中输入、输出的函数和语句的格式和用法。

结合 C-Free5 开发环境，熟练掌握了整型、实型及字符型数据的计算和输入、输出，掌握了基本数学公式写成 C 语言表达式的方法及思路。

2.4
运算新认识——运算符和表达式

教学指导

　　某学校考试结束后，需上报成绩统计结果，要求将某班某课程的成绩平均分输出，并要求按大于90分为"优"，60分和90分之间为"良"，低于60分为"差"的等级划分。用C语言编写程序，输出对应分数的等级结果。

学习要点

- 掌握自增自减运算符的使用
- 掌握赋值运算符的使用
- 掌握逗号运算符的使用
- 掌握关系运算符的使用
- 掌握运算符并能写出合法的表达式

任务描述

　　今天我们学习C语言运算符及语句。"＋""－""＊""／"是C语言中最简单、最常用的运算符，C语言运算符、参数和表达式是高级语言中少见的，这是C语言的特点。通过运算表达式设计和数值的自增，完成任务中各学生成绩、平均分以及等级的程序编写，输出结果。

任务分析

　　看到这个任务以后，首先想到编译程序如何执行程序代码，如何进行计算，另外需要针对几个操作数进行运算，及运算符在C语言表达式中的应用。当几个不同运算符同时出现在表达式时，有运算符的优先级别，在表达式中优先级别高的运算符先于优先级低的运算，还有左结合性和右结合性问题。对于几个同学的取值范围，我们可以采用数值自增方式，对于等级划分，采用关系运算符及表达式。运用C语言运算符的特点，写出合法语句。

　　1）首先设计数据结构并正确表达；

　　2）然后定义一个班级学生人数、平均分、成绩、成绩和的变量。如：int i, num；

```
float ave ,score , sum;
```

3）写出语句表达式，计算这个班的成绩总分、平均分，并输出等级。如："for(i =1,
sum =0;i < =num;i ++) 、(ave <60)";

4）先调试然后输出结果。

相关知识点

1. 运算符和表达式简介

C 语言运算符如图 2-11 所示：

$$
\text{C 语言运算符}
\begin{cases}
\text{算术运算符：}(+\ \ -\ \ *\ \ /\ \ \%\ \ ++\ \ -) \\
\text{关系运算符：}(<\ < =\ \ = =\ \ >\ \ > =\ \ ! =) \\
\text{逻辑运算符：}(!\ \ \&\&\ \ |\ |) \\
\text{位运算符：}(《 》\ \ \sim\ \ |\ \ \wedge\ \ \&) \\
\text{赋值运算符：}(=\ \text{及其扩展}) \\
\text{条件运算符：}(?:) \\
\text{逗号运算符：}(,) \\
\text{指针运算符：}(*\ \ \&) \\
\text{求字节数：}(\text{sizeof}) \\
\text{强制类型转换：}(\text{类型}) \\
\text{分量运算符：}(.\ \ - >) \\
\text{下标运算符：}([\ ]) \\
\text{其他：}((\ )\ -)
\end{cases}
$$

图 2-11　C 语言运算符

2. 自增、自减运算符

作用：使变量值加 1 或减 1。

种类：前置　++i，--i　（先执行 i +1 或 i-1，再使用 i 值。）

　　　后置　i++，i--　（先使用 i 值，再执行 i +1 或 i-1。）

"++" "--" 不能用于常量和表达式，如 5 ++，(a +b) ++。

"++" "--" 结合方向：自右向左。

优先级："-、++、--"高于"*、/、%"高于"+、-"

　　　　　　　　　　(2)　　　　　　　　(3)　　　　　　　(4)

该运算符常用于循环语句中，使循环变量加减 1。

例：j =3; k = ++j;

　　j =3; k =j ++;

　　j =3; printf("%d",++j);

　　j =3; printf("%d",j ++);

　　a =3;b =5;c =(++a) *b;

```
a = 3;b = 5;c = (a ++) * b;
```

3. 赋值运算符

赋值运算符为"＝"，它为"右结合性"，优先级为14。

简单赋值运算符"＝"格式：

变量标识符 = 表达式；

作用是将一个数据（常量或表达式）赋给一个变量，左侧必须是变量，不能是常量或表达式。

例：

```
#include <stdio.h>
main()
{
    float a,b,c;
    a = (b = 6.5) +7 -2;
    printf("a = %5.1f  b = %5.1f \n",a,b);
    c = b = 6.5 +7 -2;
    printf("a = %5.1f  c = %5.1f \n",a,c);
}
```

运行结果如图 2 - 12 所示。

图 2 - 12　运行结果

分析：

执行语句"a =（b = 6.5）+7 -2;"时先将6.5赋给b，"（b = 6.5）"的值为6.5，然后6.5加上7减2等于11.5，再赋给执行语句。执行语句"c = b = 6.5 + 7 - 2;"时，由于"＋""－"比"＝"的优先级高，且赋值运算符的结合方向为右结合性，即由右至左，因此先计算"6.5 + 7 - 2"，值为11.5，将11.5赋给b，再将b的值赋给变量c。此时，变量b和c的值均为11.5。

4. 逗号运算符

格式：表达式 1，表达式 2，……，表达式 n。

结合性：从左向右。

优先级：15，级别最低 。

逗号表达式的值：等于表达式 n 的值。

例：a = 2 * 5,a * 4;　　　//a = 10,表达式值40

```
a = 2 * 5,a * 4,a + 5;   //a = 10,表达式值 15
x = (a = 2,6 * 4);   //赋值表达式,表达式值 24,x = 24
```

用途：常用于 for 循环语句中。

5. 关系运算符和关系表达式

"关系运算"即"比较运算",是对两个值进行比较,比较的结果是真假两种值。

C 语言提供 6 种关系运算符,它们是：＜、＜ =、==、＞ =、＞、! =。结合方向是自左向右。优先级别如图 2 – 13 所示。

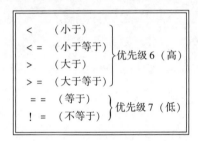

图 2 – 13　关系运算符的级别

例如：

```
c > a + b   //c > (a + b)     a > b! = c   //(a > b)! = c     a == b < c   //a == (b < c)
```

用关系运算符连接两个表达式组成的式子称为关系表达式。下面都是合法的表达：

```
a > n     (b + c) < = (a + d)     'a' > 'b'     1 == 1     33 = 22     n = a > = 9
```

操作步骤

1）首先思考这个程序中重要的元素如学生人数、平均分、相加总和以及它们的关系。

2）如何使用 C 语言编程,思考工作流程,怎样表达各数据的关系,使用各种表达式。

3）取值范围编辑,如班级人数、班级分数等。

4）按要求输出。

```c
#include <stdio.h>
main()
{
    int i,num;
    float ave,score,sum;
    printf("请输入你班级学生人数:");
    scanf("%d", &num);              //输入班级总人数
    for(i = 1,sum = 0;i < = num;i ++)    //for 循环语句(后续介绍)
    {
```

```
    printf("请输入第%d同学的分数:",i);
    scanf("%f",&score);          //循环输入学生分数
    sum = sum + score;           //计算学生成绩总分
}
ave = sum/num;                   //计算成绩平均分
printf("这个班的平均成绩:%f\n",ave);
if(ave >90)                      //判断等级
 printf("优\n");                  //并输出
 else if (ave <60)
 printf("差\n");
   else
       printf("良");
}
```

程序运行结果如图 2－14 所示。

图 2-14　运行结果

我来试一试

计算圆的面积和周长，写成 C 语言表达式。

我来归纳

通过上面内容的学习，我们掌握了 C 语言中自增自减运算符的使用，掌握了赋值运算符的使用，以及逗号运算符的使用和关系运算符的使用；掌握了运用各种运算符和表达式写出合法的表达式，熟练掌握了运用 C 语言写成符合要求的表达式；坚信了学习以后内容的信心，形成了符合 C 语言编程的思维能力。

习 题

1. 能够表达 "$50 < x < 70$ 或 $x < -200$" 的 C 语言表达式是＿＿＿＿＿＿＿＿＿＿。

2. 能够表达整型变量 a 能被 3 整除但不能被 5 整除的表达式是＿＿＿＿＿＿＿＿＿。

3. 赋值表达式 "$a * = b + = 8$" 可以展开为＿＿＿＿＿＿＿＿＿＿＿＿＿＿。

4. 设 a、b、c 为整型变量, 且 $a = 4$, $b = 6$, $c = 7$, 在编辑窗口中编写程序, 执行语句 "$a * = 12 + (b ++) - (++c);$", 输出 a 的值。

5. 编写程序, 输入四个整数, 用条件表达式输出其中最小的数。

6. 若 a 为 int 类型, 且其值为 3, 则执行完表达式 $a + = a - = a * a$ 后, a 的值是＿＿＿。

7. 假设 int $x = 2$, 三元表达式 $x > 0? x + 1: 5$ 的运算结果是＿＿＿＿＿＿＿＿。

8. 编写一个 C 语言程序, 实现如下功能: 从键盘输入正方形边长, 计算正方形周长和面积。

第3篇　结构化设计

麦子通过前面几次课的学习，已经掌握了 C 语言的基本语法知识，但是总感觉这些知识是碎片化的，还是无法编写能解决实际问题的程序，为此向老师求助。

麦子：老师，我已经掌握了 C 语言的基础知识，现在想编写解决实际问题的程序，该怎么办呢？

老师：麦子，你的心情我是理解的，你想利用所学的知识解决实际问题，这种想法是很好的，但是不能操之过急，我们接下来就会讲到如何利用前面学习的知识编写解决实际问题的程序。

麦子：噢，我明白了，那我该如何学习编写程序呢？

老师：要想编写好的程序，首先要学会分析遇到的问题，然后形成解决问题的思路，也就是我们说的算法。一个好的算法是编写高质量程序的前提。最后再利用 C 语言的基本语句（表达式语句、函数调用语句、空语句、块语句、流程控制语句），特别是流程控制语句中的顺序结构、选择结构、循环结构进行程序编写。

麦子：哦，我知道该如何学习下面的内容了，谢谢老师。

老师：不用客气。

本篇重点

了解算法的含义

掌握流程图的符号及其画法

熟悉 C 语言基本语句

掌握顺序结构及其流程图的画法

掌握选择结构及其流程图的画法

掌握循环结构及其流程图的画法

3.1
按部就班——顺序结构

○ 教学指导

　　由求一个学生的语文、数学、英语三门课程成绩的平均分的例子，说明顺序结构程序设计的流程，通过例子讲解编写程序的步骤。

○ 学习要点

- 算法的含义
- C 语言基本语句
- 流程图符号及顺序结构的流程图

任务描述

　　编写一个程序，实现求语文、数学、英语 3 门课程的平均分。

任务分析

　　首先对问题进行分析，要计算三门课的平均分，就要先求出 3 门课成绩的总和，然后再根据总和求出平均分。为此，整理出问题的解决思路和步骤（即算法）：

　　1）面对问题，先进行分析；

　　2）通过问题分析可以知道，要求得平均分，需要知道语文、数学、英语这 3 门课的成绩，这 3 门课的成绩需要通过键盘进行输入；

　　3）3 门课的成绩输入以后，先求和，然后再求出平均分；

　　4）按照求解步骤，编写程序。

相关知识点

1. 程序和算法

　　我们学习程序设计的目的就是利用计算机解决现实生活中的问题。那么什么是程序呢？在《质量管理体系　基础和术语》ISO9000：2015 第 3.4.5 条中，对"程序"的定义是"为进行某项活动或过程（3.4.1）所规定的途径。"我们也可以这样理解：程序就是为完成某个特定任务而使用某种编程语言编写的一组指令序列。

瑞士计算机科学家尼古拉斯·沃斯（Pascal 语言之父）曾经提出了一个非常著名的公式：

程序 = 算法 + 数据结构

为此他还获得了"计算机届的诺贝尔奖"——图灵奖，这个公式揭示了程序的本质。通过公式可以看出，一个程序应该包含两部分的内容：数据结构和算法。数据结构是指数据的类型和数据组织形式，算法是指操作步骤，也就是解决问题的思路和策略机制，它是程序的灵魂。

算法有以下几个特点：

①有穷性：算法必须保证在执行有限的步骤后结束；

②可行性：算法中执行的任何计算步骤都是可以被分解为基本的可执行的操作步骤，即每个操作步骤都可以在有限时间内完成（也称之为有效性）；

③确切性：算法的每一个步骤必须具有明确的意义；

④输入：一个算法必须要有 0 个或多个输入；

⑤输出：一个算法必须要有 1 个或多个输出，没有输出的算法毫无意义。

算法的表示方法有：自然语言描述法、伪代码描述法、流程图法、N - S 结构图法等，比较常见的表示方法是流程图法，这种表示方法直观形象，符合人的认知规律，更容易让学习者接受。

2. 流程图

流程图是一种使用图形符号、流程线、文字说明来描述算法的工具。本书中的算法都采用这种表示方法。

画流程图时要根据功能需要选择相应的流程图符号。基本的流程图符号见表 3 - 1。

表 3 - 1　基本流程图符号表

符号	符号名称	符号含义
⬭	起止框	算法的开始或结束
▱	输入/输出框	输入/输出操作
◇	判断框	对条件进行判断
▭	处理框	对框内内容进行处理
→	流程线	指示流程方向
○	连接点	表示连接点应该连在一起，用于换页处

3. C 语言语句

语句是组成程序的基本单位，C 语言中的基本语句如图 3-1 所示。

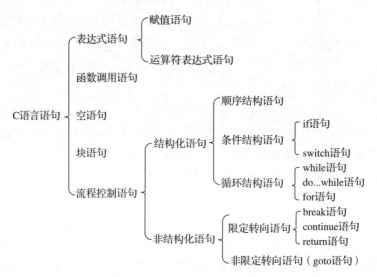

图 3-1　C 语言基本语句

4. 顺序结构

顺序结构是结构化程序设计中最简单、最常见的一种程序结构。在顺序结构程序中，语句的执行是按照先后顺序依次逐条进行的。可以用"按部就班"来形容顺序结构的特点。

5. 顺序结构流程图

顺序结构流程图如图 3-2 所示。

操作步骤

1）根据前面的任务分析，画出求 3 门课程平均分的程序流程图，如图 3-3 所示。

2）编写程序。

```
#include  <stdio.h>
void main(){
  float a,b,c;                 //定义3个实型变量分别存放语文、数学、英语成绩
    float s,p;                 //定义2个变量分别存放总和、平均分
    printf("请输入语文成绩:");
    scanf("%f",&a);            //输入的语文成绩赋值给了变量a,输入值后回车即可
    printf("请输入数学成绩:");
    scanf("%f",&b);            //输入的数学成绩赋值给了变量b,输入值后回车即可
    printf("请输入英语成绩:");
    scanf("%f",&c);            //输入的英语成绩赋值给了变量c,输入值后回车即可
```

```
s = a + b + c;                //求出 3 门课成绩的和
p = s / 3 ;                   //求出 3 门课成绩的平均分
printf("这名学生 3 门课的平均分为:%0.1f \n",p);
  }
```

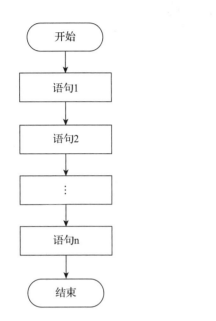

图 3-2　顺序结构语句流程图

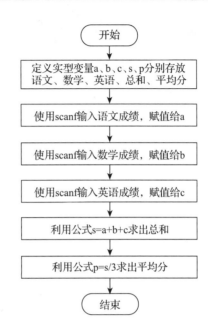

图 3-3　求 3 门课程成绩平均分的程序流程图

3）求语文、数学、英语 3 门课程成绩平均分的程序运行结果如图 3-4 所示。

图 3-4　运行结果

我来试一试

已知长方形的长为 8，宽为 5，求长方形的周长 L 和面积 S。

我来归纳

通过上面内容的学习，我们知道了程序和算法的含义，学会了用流程图的方法来表示算法，掌握了编写程序的步骤：分析问题——明确算法——画流程图——编写程序。通过一个计算 3 门课程平均分的例子，明白了顺序结构语句执行的特点。

3.2
择机而动——单分支选择结构

○ **教学指导**

　　现实生活中，解决问题并不是按部就班、一帆风顺的，有时候需要根据不同情况做出不同的选择。比如我们走到一个路口的时候，需要做出走哪条路的选择。同理，在 C 语言程序中，也需要对一些条件进行判断，然后决定执行哪些代码，这就是我们即将要学习的一种语句结构——选择结构。

○ **学习要点**

- 单分支选择结构 if 语句
- 单分支选择结构的流程图

任务描述

编写一个程序，实现根据输入的两个学生成绩，输出分数高的成绩。

任务分析

　　首先想到要想获得两个成绩中大的那个值，需要对两个成绩进行比较大小。为此，整理解决问题的思路（即算法）如下：

1）先定义 3 个整型变量 a、b、m；

2）然后从键盘输入 2 个整型的成绩值，赋值给 2 个整型变量 a、b；

3）假定 a 的值是大的，把 a 赋值给 m；

4）判断 m 的值和 b 的值的大小，如果 m 大于 b，则两个成绩中大的值为 a，否则为 b。

相关知识点

1. 单分支选择结构（if 语句）

if 语句是指如果满足条件，就执行相应的语句。if 语句的语法格式如下：

```
if(条件表达式)
{
    语句块
}
```

上面的语法格式中，条件表达式的值只能是 0 或非 0。若条件表达式的值为 0，则条件视为"假"，如果条件表达式的值为非 0，则条件视为"真"，条件表达式的值为非 0 的值时，{} 内的语句块才执行。

2. 单分支选择结构流程图

单分支选择结构流程图如图 3-5 所示。

操作步骤

1）根据前面的任务分析，画出流程图，如图 3-6 所示。

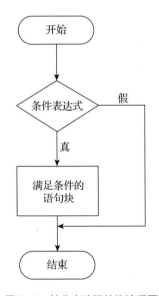

图 3-5　单分支选择结构流程图

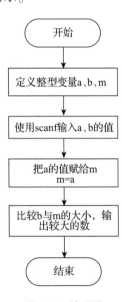

图 3-6　流程图

2）编写程序。

```c
#include <stdio.h>
void main(){
    int a,b,m;
    printf("请输入第一个成绩:\n");        //提示输入第一个成绩
    scanf("%d",&a);
    printf("请输入第二个成绩:\n");        //提示输入第二个成绩
    scanf("%d",&b);                       //输入2个成绩按顺序分别赋值给 a、b
```

```
    m = a;                          //先将 a 的值赋给 m
      if(m < b)
        {
        m = b;
        }
      printf("%d 和%d 中成绩高的是%d \n",a,b,m);
        }
```

3）程序运行结果如图 3-7 所示。

图3-7　运行结果

我来试一试

判断两个整数的大小，并输出较小的数。

我来归纳

通过上面内容的学习，我们知道了单分支选择结构就是对条件进行判断，如果条件为真，就执行语句块，如果为假，就不执行语句块。

3.3
鱼和熊掌不可兼得——
双分支选择结构

在 C 语言程序中，有时需要根据条件判断的结果执行不同的语句，这就是我们即将要学习的选择结构的另一种——双分支选择结构。

○ **学习要点**

- if-else 语句
- 双分支选择结构的流程图

任务描述

根据输入的学生成绩，输出成绩是否及格。

任务分析

首先想到成绩及格的条件是分数大于或等于 60。于是，问题的解决思路是：

1）先定义 1 个实型变量 score；

2）然后从键盘输入 1 个分数值，赋值给变量 score；

3）判断 score 是否大于或等于 60，如果大于或等于 60，输出"及格"，否则，输出"不及格"。

相关知识点

1. 双分支选择结构(if-else 语句)

双分支选择结构是指如果条件为真（即值为非 0 的数），则执行相应的语句，否则就执行另外的语句。

双分支选择结构的语法格式如下：

```
if(条件表达式)
  {
      语句块1
  }
else
  {
      语句块2
  }
```

上面的格式中，如果条件表达式的值为非0的数，则执行语句块1；如果条件表达式的值为0，则执行语句块2。

2. 双分支选择结构流程图

双分支选择结构流程图如图3-8所示。

操作步骤

1）根据前面的任务分析，画出流程图，如图3-9所示。

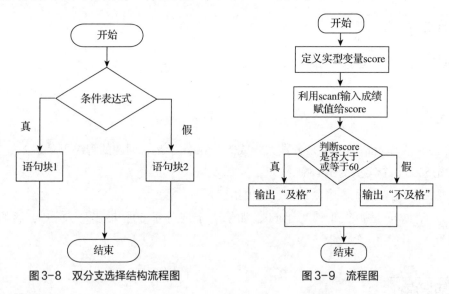

图3-8　双分支选择结构流程图　　　　　图3-9　流程图

2）编写程序。

```
#include  <stdio.h>
void main(){
  int a;
  printf("请输入成绩:\n");              //提示输入成绩
  scanf("%d",&a);
  if(a > =60)                          //判断成绩是否大于或等于60
    {
```

```
        printf("成绩及格\n");              //成绩大于或等于60时,输出"成绩及格"
    }
else
    {
    printf("成绩不及格\n");              //成绩小于60时,输出"成绩不及格"
    }
        }
```

3) 程序运行结果如图3-10所示。

图3-10　运行结果

我来试一试

编写程序，实现从键盘输入一个整数，判断这个数是奇数还是偶数。

我来归纳

通过上面内容的学习，我们知道了双分支选择结构就是对条件进行判断。如果条件为真，就执行语句块1，如果为假，就执行语句块2。因此，在双分支选择结构中，不管条件表达式结果为真还是为假，至少且只能执行两个语句块中的一个，不能同时执行两个语句块。

3.4

条条道路通罗马——多分支选择结构

任务描述

　　根据输入的学生成绩，判定学生的成绩等级：A：90≤成绩≤100　　B：80≤成绩＜90　C：70≤成绩＜80　　D：60≤成绩＜70　　E：成绩＜60。

任务分析

　　首先想到要想获得成绩的等级，就需要知道当前的成绩到底是在哪个分数段。于是，问题的解决思路是：

　　1）先定义 1 个实型变量 score；

　　2）然后从键盘输入 1 个分数值，赋值给变量 score；

　　3）判断 score 是否在 90 和 100 之间，如果是，则输出"A"；否则，继续判断 score 是否是在 80 和 90 之间，如果是，则输出"B"；否则，继续判断 score 是否是在 70 和 80 之间，如果是，则输出"C"；否则，继续判断 score 是否是在 60 和 70 之间，如果是，则输出"D"；否则，输出"E"。

相关知识点

1. 多分支选择结构

　　多分支选择结构是指对多个条件进行判断，然后选择满足条件的语句块进行执行。多分支选择结构由多个 if-else 语句按照层次结构组成，语法格式如下：

```
if(条件表达式1)
  {语句块1}
else  if(条件表达式2)
  {语句块2}
      ⋮
else  if(条件表达式n)
  {语句块n}
else
  {    语句块 n+1；   }
```

　　上面的格式中，如果条件表达式 1 的值为非 0 的数，则执行语句块 1；否则，如果条件表达式 2 的值为非 0 的数，则执行语句块 2；否则，依次类推，如果前 n 个表达式的值都为 0，则执行语句块 n+1。注意，最后的 else 语句不是必需的，是可选的，可以省略。

2. 多分支选择结构流程图（if-else-if 语句）

　　多分支选择结构流程图如图 3-11 所示。

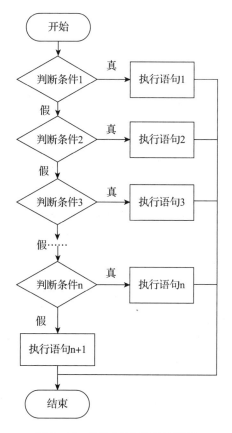

图 3-11　多分支选择结构流程图

3. switch 语句

switch 语句也是一种选择结构，它和 if 选择结构不同的是，它只有一个条件表达式，程序执行时，针对条件表达式的不同取值来决定执行哪个语句块。switch 语句的语法格式如下：

```
switch(条件表达式)
  {
    case  值1:
      语句块1;
      break;
    case  值2:
      语句块2;
      break;
       ⋮
    case  值n:
      语句块n;
      break;
    default:
      语句块n+1;
  }
```

在上面的语法格式中，程序执行时首先要计算出条件表达式的值，然后和第一个 case 后面的值进行比较，如果相等则执行对应的语句块，执行语句块后执行 break 语句跳出 switch 语句；否则，依次和下面 case 后面的值进行比较，直到第 n 个 case。如果都不相等，则执行 default 后面的语句块，执行完毕跳出 switch 语句。注意，default 可以省略。

其中，break 语句是强制跳转语句，表示跳出 switch 语句。如果执行满足条件的 case 语句块后面无 break 语句，则程序顺序向下执行，直到遇到 break 语句才会跳出 switch 语句。因此，要注意 break 语句的使用。

注意：

①条件表达式可以是任何表达式，一般为整型、字符型、枚举型表达式；

②条件表达式必须用小括号括起来；

③case 后可以是常量表达式，每个 case 后的值必须互不相同，否则会有二义性；

④一种情况处理完后，一般应使程序的执行流程跳出 switch 结构，终止 switch 语句的执行，这可借助 break 语句完成；

⑤在上述 switch 语句的一般使用形式下，case 出现的次序不影响执行结果；

⑥可以没有 default 子句；

⑦switch 语句描述的是多分支选择的一种特殊情况，可用 if 语句等价实现。

4. switch 语句流程图

switch 语句流程图如图 3 – 12 所示。

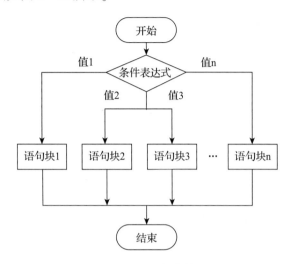

图 3-12　switch 语句流程图

操作步骤

1）根据前面的任务分析可知，条件是多个，因此使用多分支选择结构语句。画出流程图，如图 3 – 13 所示。

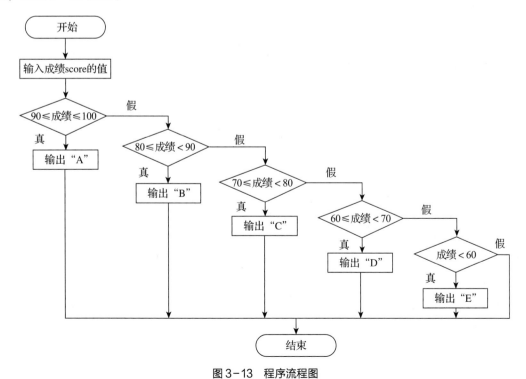

图 3-13　程序流程图

2）编写程序。

方法一:

```
#include  <stdio.h >
void main(){
  float  score;
  printf("请输入成绩:\n");              //提示输入成绩
  scanf("%f",&score);
  if(score > =90&&score < =100)          //判断成绩是否在90~100(包含90和100)范围内
    {
       printf("成绩等级为:A  \n");
    }
  else if(score > =80&&score <90)        //判断成绩是否在80~90(包含80)范围内
    {
       printf("成绩等级为:B  \n");
    }
  else if(score > =70&&score <80)        //判断成绩是否在70~80(包含70)范围内
    {
       printf("成绩等级为:C  \n");
    }
  else if(score > =60&&score <70)        //判断成绩是否在60~70(包含60)范围内
    {
       printf("成绩等级为:D  \n");
    }
  else if(score > =0&&score <60)         //判断成绩是否小于60
    {
       printf("成绩等级为:E  \n");
    }
        }
```

方法二:

```
#include   <stdio.h >
void main(){
  float  score;
  printf("请输入成绩:\n");         //提示输入成绩
  scanf("%f",&score);
if(score > =0&&score < =100)
    {
    t = (int) score /10;
    switch (t)
            {
              case 10:
```

```
              case 9：  printf("成绩等级为:A  \n"); break;
              case 8：  printf("成绩等级为:B  \n"); break;
              case 7：  printf("成绩等级为:C  \n"); break;
              case 6：  printf("成绩等级为:D  \n"); break;
              default:  printf("成绩等级为:E  \n");break;
         }
}
else
{  printf("输入的成绩不合法,请输入 0－100 的分数  \n");}
```

3）程序运行结果如图 3－14 所示。

图 3-14　运行结果

我来试一试

从键盘输入月份，然后判断是四季中的哪个季节。（提示：3 月——5 月为春季、6 月——8 月为夏季、9 月——11 月为秋季、12 月——来年 2 月为冬季。）

我来归纳

多分支选择结构是针对多个条件进行判断，当条件满足时，则执行相应的语句块。这种结构应用于需要对多个条件进行判断，然后做出正确选择的程序中。

if-else 语句和 switch 语句都可以用于多种情况的判断，到底这两种语句有何异同呢？

● 相同点：都可用于选择结构

● 不同点：

1）同样能解决问题的情况下，switch 语句的效率高。因为 switch 只进行一次条件表达式的运算，而 if-else 语句需要进行多次条件表达式的运算。

2）if-else 语句可以对大小范围的条件进行判断，而 switch 语句不可以对范围条件进行判断，switch 语句一般用于条件表达式的结果为整数、字符等常量的情况。

3）所有的 switch 语句程序都可以用 if-else 语句进行改写，但 if-else 语句有时不能用 switch 语句改写。

在实际的程序设计中，要根据实际情况来选择是使用 if-else 语句还是使用 switch 语句。同样能解决问题的情况下，建议选择 switch 语句。

3.5
小试牛刀——实例解析

需要依据条件判断，而决定执行哪一部分代码的结构称为选择结构。C 语言中的选择结构语句可分为 if 语句、if-else 语句和 switch 条件语句。

- if 语句及其流程图
- if-else 语句及其流程图
- 多分支语句及其流程图

任务描述

计算机系共有 5 个专业，分别是计算机应用技术（代码为 1）、计算机网络技术（代码为 2）、软件技术（代码为 3）、物联网应用技术（代码为 4）、动漫制作技术（代码为 5）。根据输入的代码，输出专业名称。

方法一：

程序流程图如图 3-15 所示。

```
#include   <stdio.h>
void main()
{
  int a;
  printf("请输入专业对应代码：\n");        //提示输入专业对应代码
  scanf("%d",&a);
if(a==1)                                //输入代码为 1
    { printf("计算机应用技术 \n");}
if(a==2)                                //输入代码为 2
      { printf("计算机网络技术 \n");}
if(a==3)                                //输入代码为 3
        { printf("软件技术 \n");}
if(a==4)                                //输入代码为 4
      { printf("物联网应用技术 \n");}
```

```
if(a ==5)                                    //输入代码为5
        {printf("动漫制作技术\n");}
     }
```

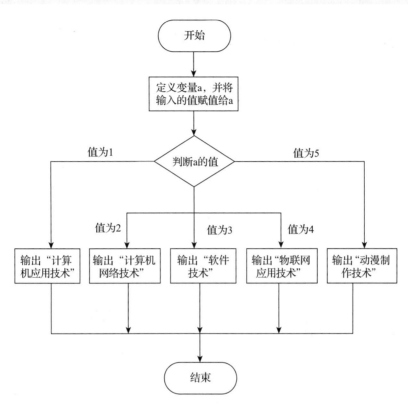

图 3-15　程序流程图

方法二：

```
#include  <stdio.h>
void main()
{
  int a;
  printf("请输入专业对应代码：\n");              //提示输入专业对应代码
  scanf("%d",&a);
if(a >0&&a <6)
{  if(a ==1)                                 //输入代码为1
    {printf("计算机应用技术\n");}
else if(a ==2)                              //输入代码为2
      {printf("计算机网络技术\n");}
else if(a ==3)                              //输入代码为3
        {printf("软件技术\n");}
else if(a ==4)                              //输入代码为4
```

```
    {  printf("物联网应用技术\n");}
else                                          //输入代码为5
        {printf("动漫制作技术\n");}
    }
else
{  printf("输入有误,输入的专业代码没找到! \n");}
}
```

方法三:

```
#include   <stdio.h>
void main(){
  int a;
  printf("请输入专业对应代码:\n");              //提示输入专业对应代码
  scanf("%d",&a);
  switch(a)
    {
    case 1:                                   //输入代码为1
        printf("计算机应用技术\n");
        break;
      case 2:                                 //输入代码为2
        printf("计算机网络技术\n");
break;
 case 3:                                      //输入代码为3
        printf("软件技术\n");
break;
      case 4:                                 //输入代码为4
        printf("物联网应用技术\n");
break;
 case 5:                                      //输入代码为5
        printf("动漫制作技术\n");
break;
      default:printf("输入有误,输入的专业代码没找到! \n");
    }
        }
```

程序运行结果如图3-16所示。

图3-16   运行结果

我来试一试

从键盘输入一个数字，然后判断是星期几。（提示：1 代表星期一、2 代表星期二、……、
7 代表星期日）

我来归纳

在 C 语言中经常需要对一些条件做出判断，从而决定执行哪一段代码，这时就需要使
用选择结构语句。选择结构有三种类型语句：单分支选择结构语句、双分支选择结构语句、
多分支选择结构语句。

1）if 语句是指如果满足某种条件，就进行相应的处理。在 C 语言中，if 语句的具体语
法格式如下：

```
if(判断条件)
{
   执行语句块
}
```

2）if-else 语句是指如果满足某种条件，就进行相应的处理，否则就进行另一种处理。
if-else 语法格式如下：

```
if(判断条件)
{
    执行语句块 1
}else
{
    执行语句块 2
}
```

3）if-else if-else 语句用于对多个条件进行判断，从而进行多种不同的处理。if-else
if-else语句的具体语法格式如下：

```
if (判断条件 1)
{
        执行语句块 1
}
else if (判断条件 2)
{
        执行语句块 2
```

```
}
.....
else
{
        执行语句块 n + 1
}
```

4）switch 语句是一种常用的选择语句，和 if 条件语句不同，它只能针对某个表达式的值作出判断，从而决定程序执行哪一段代码。switch 语句格式：

```
switch (表达式)
{
  case 目标值 1：执行语句 1    [break;]
  case 目标值 2：执行语句 2    [break;]
  .....
  case 目标值 n：执行语句 n    [break;]
  default：     执行语句 n + 1   [break;]
}
```

3.6 周而复始——while 循环结构

○ **教学指导**

现实生活中，我们为了完成某个工作，需要做一些重复的动作。在 C 语言中，语句代码的重复执行就是循环。循环语句分为：while 循环语句、do-while 循环语句和 for 循环语句。

○ **学习要点**

● while 循环语句及其流程图

任务描述

从键盘输入 10 个同学的成绩，然后计算 10 个同学成绩的平均值。

任务分析

要求出 10 个同学成绩的平均值，需求出这 10 个同学成绩的和，然后除以 10 就可以求出平均值。为此，整理解决问题的思路（即算法）如下：

1）定义 3 个变量 score、s、i，并且赋初值 s = 0，i = 1；

2）从键盘输入 10 个数，每次输入后执行 s = s + score；

3）输出平均值 s/10。

相关知识点

1. while 循环语句

while 循环语句是指反复对条件进行判断，只要条件成立，就执行循环体语句，直到条件不成立时循环结束。while 循环又称为"当型"循环。while 循环语句的语法格式如下：

```
while(循环条件表达式)
    {
        循环体语句
    }
```

　　上面的语法格式中，while 语句首先会对循环条件表达式的值进行判断。如果循环条件表达式的值为非 0，则结果视为"真"，{} 内的循环体语句执行。执行完毕后，再次判断循环条件表达式的值是否为非 0，如果值为非 0，则继续执行循环体语句。如此反复，直到循环条件表达式的值为 0 时，退出循环。

　　2. while 循环语句流程图

　　While 循环语句流程图如图 3–17 所示。

操作步骤

　　1）根据前面的任务分析，画出流程图，如图 3–18 所示。

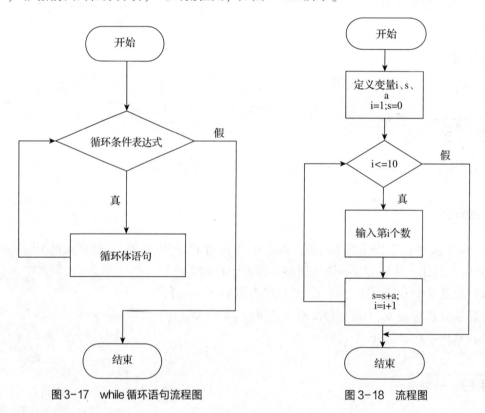

图 3-17　while 循环语句流程图　　　　　图 3-18　流程图

　　2）编写程序。

```c
#include <stdio.h>
void main()
{
    int i,s,a;
    i =1;
    s =0;
```

```
while(i < =10)                   //当 i 的值大于 10 的时候,条件为假,退出循环
{
    printf("请输入第%d 个成绩:",i);
    scanf("%d",&a);
    s = s + a;                   //当前 s 的值为上一次循环 s 的值加上 a 的和
    i ++;                        //循环变量 i 自加 1,相当于 i = i +1
}
printf("输入的 10 个成绩的和为:%d \n",s);
printf("输入的 10 个成绩的平均值为:%0.2f",s/10.0);
}
```

3）程序运行结果如图 3 – 19 所示。

图 3-19　运行结果

我来试一试

求 1 +2 +3 + … +10 的和。

我来归纳

通过上面内容的学习，我们知道了 while 循环语句中，只要循环条件为真时，就会反复执行循环语句体，直到循环条件为假时，退出循环。

3.7
循环往复——do-while 循环结构

○ 教学指导

现实生活中，我们为了完成某个工作，需要做一些重复的动作。在 C 语言中，语句代码的重复执行就是循环。循环语句分为：while 循环语句、do-while 循环语句和 for 循环语句。

○ 学习要点

- do-while 循环语句及其流程图

任务描述

将前面的任务用 do-while 循环语句进行改写。

任务分析

分析过程和前面学过的 while 语句相似，可参考前面分析，不再详述。

相关知识点

1. do-while 循环语句

do-while 循环语句，是指先执行一次循环体语句，然后对循环条件进行判断，如果条件成立，则继续执行循环体语句，如此反复，直到条件不成立时循环结束。do-while 循环又称为"直到型"循环。do-while 循环语句的语法格式如下：

```
do
  {
      循环体语句
  }while(循环条件表达式);
```

上面的语法格式中，do-while 语句首先执行一次循环体语句，然后判断循环条件是否成立。如果循环条件表达式的值为非 0，则结果视为"真"，继续执行 ¦¦ 内的循环体语句。执行完毕后，再次判断循环条件表达式的值是否为非 0，如果为非 0，则再次执行循环体语句，如此反复，直到循环条件表达式的值为 0 时，退出循环。

2. do-while 循环语句流程图

do-while 循环语句流程图如图 3-20 所示。

操作步骤

1）根据前面的任务分析，画出流程图，如图 3-21 所示。

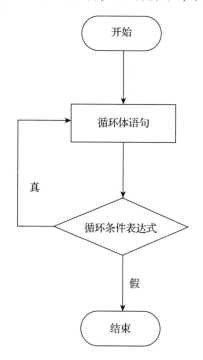

图 3-20　do-while 循环语句流程图

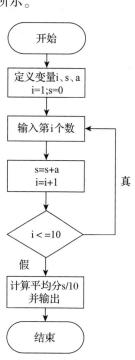

图 3-21　流程图

2）编写程序。

```c
#include <stdio.h>
void main()
{
  int i,s,a;
  i =1;
  s =0;
  do
  {
    printf("请输入第%d 个数:",i);
    scanf("%d",&a);
```

```
    s = s + a;           //当前 s 的值为上一次循环 s 的值加上 a 的和
    i ++;                //循环变量 i 自加1,相当于 i = i +1
}while(i < =10);         //当 i 的值大于10 的时候,条件为假,退出循环
printf("输入的10 个数的和为:%d \n",s);
printf("输入的10 个数的平均值为:%0.2f  \n",s/10.0);
}
```

3）程序运行结果如图 3 – 22 所示。

图 3-22   运行结果

我来试一试

利用 do-while 循环语句，求 $1 + 2 + 3 + \cdots + 10$ 的和。

我来归纳

通过上面内容的学习，我们知道了 do-while 循环语句中，要先执行一次循环体语句，然后判断循环条件是否成立。如果成立，则继续执行循环体语句；如果不成立，则退出循环。为此我们把 while 循环语句和 do-while 循环语句进行一下比较：

- 相同点：都可用于循环结构
- 不同点：

1）执行过程不同。while 语句先对条件表达式进行判断，后执行循环体语句；do-while 语句先执行一次循环体语句，然后进行条件表达式的判断。

2）执行循环体语句的次数不同。while 语句中的循环体语句可能一次也不执行；do-while 语句中的循环体语句至少执行一次。

3.8
反而复还——for 循环结构

○ 教学指导

现实生活中，我们为了完成某个工作，需要做一些重复的动作。在 C 语言中，语句代码的重复执行就是循环。循环语句分为：while 循环语句、do-while 循环语句和 for 循环语句。

○ 学习要点

- for 循环语句及其流程图

任务描述

将前面的任务用 for 循环语句进行改写。

任务分析

分析过程和前面学过的 while 语句、do-while 语句相似，可参考前面分析，不再详述。

相关知识点

1. for 循环语句

for 循环语句，是一种明确循环次数的循环语句。for 循环语句的语法格式如下：

```
for(初始表达式;循环条件表达式;循环变量增值表达式)
{
    循环体语句
}
```

上面的语法格式中，语句的执行过程为：

1）先执行初始表达式；
2）然后执行循环条件表达式，如果值为非 0，则执行循环体语句；否则，退出循环。

3）计算循环变量增值表达式，重复第 2 个步骤。

2. for 循环语句流程图

for 循环语句流程图如图 3-23 所示。

操作步骤

1）根据前面的任务分析，画出流程图，如图 3-24 所示。

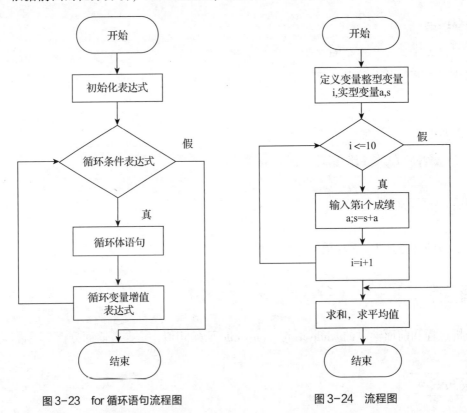

图 3-23　for 循环语句流程图   图 3-24　流程图

2）编写程序。

```c
#include <stdio.h>
void main()
{
  int i;
  float a,s =0;
  for(i =1;i < =10;i ++)                //循环10 次,当 i >10 时,退出循环
  {
    printf("请输入第%d 个成绩:",i);
    scanf("%f",&a);
    s =s +a;
```

```
    }
    printf("你输入的10个成绩的和为%0.1f \n",s);
    printf("你输入的10个成绩的平均值为%0.1f \n",s/10.0);
}
```

3）程序运行结果如图3-25所示。

图3-25　运行结果

我来试一试

利用for循环语句，求1 + 2 + 3 + ⋯ + 50的和。

我来归纳

经过前面的学习我们知道，循环语句有while语句、do-while语句、for语句，这三种语句都可以实现循环执行代码。那么这三种循环语句有何异同呢？

● 相同点：都可用于循环结构

● 不同点：

1）while语句、do-while语句一般用于循环次数不确定的循环结构。

2）for语句一般用于循环次数确定的循环结构。

3.9
循环不息——循环嵌套

教学指导

　　有时为了解决一个较为复杂的问题，需要在一个循环中再定义一个循环，这样的方式被称作循环嵌套。在 C 语言中，while、do-while、for 循环语句都可以进行嵌套，并且它们之间也可以互相嵌套。

学习要点

- 循环嵌套语句
- break 语句
- continue 语句

任务描述

　　打印九九乘法表。

任务分析

　　九九乘法表中每个式子由被乘数、乘数和积组成，且被乘数由行数决定，乘数由列数决定，共有九行九列。因此，我们可以定义两个变量分别来表示行数和列数。然后由列数决定一行打印几个式子。为此，整理思路如下：

　　1）先定义两个变量 i，j；
　　2）使用循环嵌套，外层循环控制打印行数，内层循环控制每行打印式子的个数。

相关知识点

1. 循环嵌套

我们解决实际问题时，经常会遇到单个循环结构无法解决的情况，这时候就需要在一个循环结构中再定义一个循环结构，这种方式就是循环嵌套。

while 语句、do-while 语句、for 语句都可以进行循环嵌套，且相互之间也可以进行嵌套。

如 while 语句中嵌套 for 语句；for 语句中嵌套 do-while 语句等。

比较常见的 for 语句嵌套，其语法格式如下：

```
for(初始表达式;循环条件表达式;循环变量增值表达式)
  {
    …
    for(初始表达式;循环条件表达式;循环变量增值表达式)
    {
        循环体语句
    }
    …
}
```

2. break 语句

break 语句为强制跳转语句，一般应用于循环结构或选择结构中。当 break 语句用于循环结构时，作用是强制跳出循环结构，执行循环结构后面的语句；当 break 语句用于选择结构时，作用是跳出选择结构，执行选择结构后面的语句。

```
#include <stdio.h>
  void main()
  {
      int i =1;
      while(i < =5)
      {
        if(i ==4)                    //当 i 等于 4 的时候跳出循环
        {
          break;
        }
        printf("%d \n",i);
        i ++ ;
      }
}
```

程序执行结果如下图 3-26 所示。

图 3-26　运行结果

3. continue 语句

continue 语句用于循环结构中，表示终止当前的这一次循环，进行下一次循环。即 continue 后面的语句不再执行，而是进行下一次的循环。

```c
#include <stdio.h>
 void main()
 {
     int i,s =0;
     for(i =1;i < =10;i ++)
     {
       if(i%2! =0)                    //如果是奇数,则转到下一次循环
       {
           continue;
       }
       s = s + i;                     //如果是偶数,则加上当前的偶数
     }
     printf("1 ~10 之间的偶数和为:%d \n",s);
 }
```

程序运行结果如下图 3-27 所示。

```
1 10之间的偶数和为: 30
请按任意键继续. . .
```

图 3-27　运行结果

1）根据前面的任务分析，画出流程图，如图 3-28 所示。

2）编写程序。

```c
#include <stdio.h>
void main()
{
    int i,j;
    for(i =1;i < =9;i ++)              //控制行数
{
     for(j =1;j < =i;j ++)            //控制列数(即
式子的个数)
     {
        printf("%d *%d = %2d ",j,i,i * j);    //%2d
表示结果为整数,且占 2 位空间。%2d 后面有个空格,用来隔开每个
式子
```

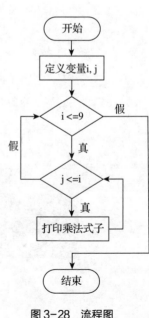

图 3-28　流程图

```
    }
    printf("\n");
  }

}
```

3）程序运行结果如图 3-29 所示。

图 3-29　运行结果

我来试一试

利用 while 语句或 do-while 语句循环嵌套打印九九乘法表。

我来归纳

通过循环结构的嵌套可以解决复杂的实际问题。嵌套的循环次数等于各层循环次数的乘积。比如，2 层嵌套，内层循环 n 次，外层循环 m 次，则总循环次数为 m * n 次。另外，嵌套的层数不宜过多，否则，会给程序运行造成很大的负担。

习题

一、填空题

1. C 语言语句三种基本结构为：_____结构、_____结构、_____结构。

2. 用来表示多分支选择结构的语句为_____语句和_____语句。

3. 循环语句中强制跳出循环的语句为_____语句，结束本次循环，进行下一次循环的语句是_____语句。

4. 当循环次数确定的时候一般用_____循环语句，次数不确定的时候一般用_____语句或_____语句。

5. 循环语句结构有_____语句、_____语句和_____语句。

二、简答题

1. 请简述 if 语句和 switch 语句的异同。

2. 请简述 while 语句和 do-while 语句的异同。

3. 请简述 while 语句（或 do-while 语句）和 for 语句的异同。

4. 请简述 break 语句和 continue 语句作用。

三、编程题

1. 请编写一个程序实现判断一个年份是平年还是闰年。（提示：闰年的条件是年份能被 4 整除且不能被 100 整除或者年份能被 400 整除）

2. 请编写程序实现根据输入的月份，输出该月的天数。（注意平年、闰年）

3. 请编写程序求 1~100 之间偶数的和。

4. 求 1+2! +3! +…+20! 的和。

5. 输入一行字符，以换行结束，分别统计出其中英文字母、空格、数字和其他字符的个数。

第4篇 数组

麦子通过前面几篇的学习，已经掌握了 C 语言的基本语法知识，以及顺序语句、选择语句、循环语句，自我感觉对于 C 语言已经入门啦，对 C 语言也更感兴趣了，所以迫不及待地想进入更多 C 语言相关知识的学习中，希望能编写更多解决实际问题的程序，为此将继续努力。

麦子： 老师，我已经掌握了 C 语言的基础知识和常见的几种语句，结合我们班级的情况，想利用现有知识编写一个关于学生成绩管理方面的程序，该怎么做呢？

老师： 麦子，你的想法很好啊，但不能急于求成，解决这样的问题还需要一些 C 语言系统的知识，慢慢来，我们接下来就会讲到如何利用下面学习的知识编写学生成绩管理方面的程序。

麦子： 噢，太好了，那我们准备学习哪些内容呢？

老师： 其实编写程序的过程就是加工、处理数据的过程，对于数据量小的，我们编程就相对简单些，而对于数据量相对大的，比如成绩管理系统，一般情况下，一个班级至少有几十人，一个年级有更多人，一个学校呢？所以，这种情况下，我们就需要进一步学习和掌握新的知识了。下面我们要接触的数组，就可以帮助大家解决这类问题，利用数组我们就可以输入大量的数据，并对数据进行判断、分析、排序、查找等相关的操作，编写出实用、高效的管理系统类程序。

麦子： 好的，我一定要把这部分内容学好，谢谢老师。

老师： 加油。

🔖 **本篇重点**

了解一维数组及二维数组的定义

熟悉一维数组及二维数组的引用

熟悉一维数组及二维数组的初始化

4.1
一维数组的引入

教学指导

以求 10 名同学某门课程的平均成绩和高于平均成绩的人数为例，说明一维数组在编程中的重要性，通过实例来详细讲解一维数组的应用。

学习要点

- 一维数组的定义
- 一维数组的引用
- 一维数组的初始化

任务描述

设计一个程序，将 10 名同学某门课程的成绩输入计算机，求平均成绩和高于平均成绩的人数。

任务分析

解决问题的思路（即算法）如下：

1）将 10 名同学的成绩录入。

2）计算累加和，接着算出平均成绩。

3）计算高于平均成绩的人数。

相关知识点

1. 数组与数组元素的概念

1）数组：是用一个名称表示的一组相同类型的数据的集合，这个名称就称为数组名。例如：

```
float a[10];
```

该语句中 a 是数组名。

2）下标变量（或数组元素）：数组中的数据分别存储在用下标区分的变量中，这些变量称为下标变量或数组元素，如

a[0]、a[1]…a[i]。

3）每个下标变量相当于一个简单变量，数组的类型也就是该数组的下标变量的数据类型。

4）数组属于构造类型。构造类型的数据是由基本类型数据按一定规则构成的。

2. 一维数组的定义

一维数组的定义方式如下：

数据类型 数组名［常量表达式］；

"数据类型"：数组元素的数据类型。

"数组名"：遵循 C 语言标识符规则。

"常量表达式"：表示数组中有多少个元素，即数组的长度。它可以是整型常量、整型常量表达式或符号常量。

例如：

int a[10];

float score[5];

以下数组定义是正确的：

```
#define  N  10
…
float  score1[N], score2[N];
int  num[10+N];
char  c[26];
```

以下数组定义是不正确的：

```
int  array(10);
int  n;
float  score[n];
char  str[ ];
```

3. 一维数组元素的引用

1）一维数组元素的引用形式如下：

数组名［下标表达式］

"下标表达式"：只能是整型常量或整型表达式。

例如：

```
for(i=0;i<5;i++)
scanf("%f",&score[i]);
```

又如：n=3;

```
                fib[n] = fib[n - 1] + fib[n - 2];
```

2）说明：下标从 0 开始，数组的最大下标是数组长度减 1。

例如：

```
int a[10],i;
scanf ("%d",&a[10]);  /* 下标越界错误 */
```

4. 一维数组的初始化

初始化：在定义数组时给数组元素赋初值。

1）在定义数组时，对全部数组元素赋初值。例如：

```
int a[5] = {0,1,2,3,4};
```

此时可以省略数组长度，例如：

```
int a[ ] = {0,1,2,3,4};
```

2）在定义数组时，对部分数组元素赋初值。例如：

```
int a[5] = {1,2,3};
```

系统为其余元素赋 0 。

3）当初值的个数多于数组元素的个数时，编译出错。例如：

```
int a[5] = {0,1,2,3,4,5}; /* 编译出错 */
```

操作步骤

1）根据前面的任务分析和相关知识点的学习，利用一维数组并结合循环语句来解决问题。先画出求解问题的流程图，如图 4 - 1 所示。

2）编写程序。

```
#include "stdio.h"
void main()
{int n = 0,i;
float s = 0,ave,a[10];
for(i = 0;i < 10;i ++)
{
  scanf("%f",&a[i]);
  s = s + a[i];
}
ave = s/10;
for(i = 0;i < 10;i ++)
  if (a[i] > ave) n ++;
printf("平均成绩为:% .1f \n 高于平均成绩的人数为:%d \n",ave,
n);
}
```

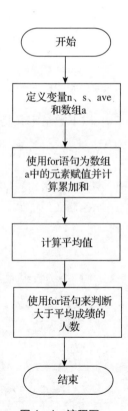

图 4 - 1　流程图

3）程序运行结果如图4-2所示。

图4-2 运行结果

我来试一试

输入10名同学的成绩，求成绩合格的人数。

我来归纳

通过对上面内容的学习，我们知道了一维数组的定义和引用，学会了如何对一维数组中的元素赋值，掌握了利用一位数组编写程序的基本方法，明白了数组在处理大量数据时的优点。当我们遇到程序需要处理的数据量相对较大的时候，可以使用数组结合循环语句来实现。

4.2
一维数组——排序

○ **教学指导**

　　对输入的一组成绩按从低到高排序并输出。通过实例来详细讲解利用一维数组对数据排序的相关操作。

○ **学习要点**

- 一维数组元素的引用
- 一维数组元素的遍历

任务描述

输入 6 个人的某门课成绩，对输入的成绩按从低到高排序并输出。

任务分析

解决问题的思路如下：

1）输入 6 个人某门课的成绩。

2）排序方法：第一趟，将第一个成绩依次和后面的成绩比较，如果后面的成绩小于第一个成绩，则两个成绩交换，比较结束后，第一个成绩则是最小的成绩；第二趟，将第二个成绩依次和后面的成绩比较，如果后面的成绩小于第二个成绩，则两个成绩交换，比较结束后，第二个成绩则是次小的；……。

3）以此类推。

相关知识点

可参考前面的相关知识，不再详述。

操作步骤

1）根据前面的任务分析和相关知识点的学习，利用一维数组并结合循环语句来解决问题。先画出求解问题的流程图，如图4-3所示。

2）编写程序。

```c
#define N 6
#include "stdio.h"
void main( )
{
  int a[N];
  int i,j,t;
  printf("请输入%d个成绩,用空格隔开:\n",N);
  for (i = 0; i < N; i ++)
    scanf("%d",&a[i]);
  for (j = 0; j < N - 1; j ++)
    for(i = j + 1; i < N; i ++)
      if (a[j] > a[i])
        { t = a[j];a[j] = a[i];a[i] = t; }
  printf("成绩从低分到高分的顺序是:\n");
  for (i = 0; i < N; i ++)
    printf("%d  ",a[i]);
  printf("\n");
}
```

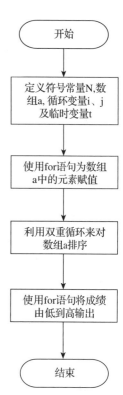

图4-3　流程图

3）程序运行结果如图4-4所示。

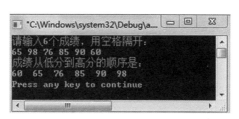

图4-4　运行结果

我来试一试

将10个人某门课的成绩输入计算机，找出其中的最高分并输出。

我来归纳

通过上面内容的学习，我们学会了如何利用一维数组来对一组数据排序，掌握了利用一维数组编写程序的基本方法。当我们遇到大量的数据需要排序的时候，可以使用数组结合循环语句来实现。

4.3

由浅入深——二维数组

◯ 教学指导

将表4–1中4个人的学号及4门课的成绩输入计算机后再按行输出。通过这个例子来介绍二维数组中输入和输出的基本操作及步骤。

表4–1 成绩表

学号	高数	物理	英语	计算机
1001	87	75	72	66
1002	98	85	92	83
1003	67	78	53	76
1004	48	60	76	67

◯ 学习要点

- 二维数组的定义
- 二维数组的引用
- 二维数组的初始化

任务描述

将表4–1中的数据从键盘录入,然后按表4–1中的行列格式输出。

任务分析

表4–1中共有四行数据,可以定义四个一维数组,然后利用for语句分别对这四行数据进行输入和输出操作。

当我们遇到大量的数据需要按行输出时,用for语句实现,编程效率较低,这时可以考虑使用二维数组来实现。

相关知识点

1. 二维数组的定义

二维数组的定义方式如下：

数据类型 数组名[常量表达式 1][常量表达式 2]；

常量表达式 1 可以理解为行数，常量表达式 2 可以理解为列数。但必须记住，在引用的时候它们的下标都是从 0 开始的。

例如：`float  x[2][3];`

X[0][0]	X[0][1]	X[0][2]
X[1][0]	X[1][1]	X[1][2]

2. 二维数组的引用

二维数组元素的引用形式如下：

数组名 [行下标表达式][列下标表达式]

例如：

```
int a[3][4];
a[0][0]=3;
a[0][1]=a[0][0]+10;
a[3][4]=3;      /* 下标越界 */
a[1,2]=1;       /* 应写成 a[1][2]=1; */
```

3. 二维数组的初始化

1）按行赋初值。

例如：

```
int a[2][3]={{1,2,3},{4,5,6}}
```

初始化后结果： 1 2 3
　　　　　　　　 4 5 6

2）按数组元素在内存中的顺序对各元素赋初值。

例如：

```
int a[2][3]={1,2,3,4,5,6}
```

3）给部分元素赋初值。

例如：

```
int a[2][3]={{1},{4}};
```

初始化后结果： 1 0 0
　　　　　　　　 4 0 0

4）数组初始化时，行长度可省略，列长度不能省略。

例如：

int a[ ][3] = {1,2,3,4,5,6,7};

int b[ ][4] = {{1},{4,5}};

操作步骤

1）根据前面的任务分析，在了解了二维数组的相关知识之后，整理出解题的方法和步骤，流程图如图 4-5 所示。

2）编写程序。

```
#include "stdio.h"
void main( )
{
  int a[4][5],i,j;
  for ( i = 0; i < 4; i ++ )
    for ( j = 0; j < 5; j ++ )
      scanf( "%d",&a[i][j]);
  printf( "\n");
printf( "学号\t高数\t物理\t英语\t计算机\n");
for ( i = 0; i < 4; i ++ )
  { for ( j = 0; j < 5; j ++ )
      printf( "%d\t",a[i][j]);
    printf( "\n");
  }
  printf( "\n");
}
```

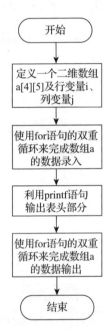

图 4-5　流程图

3）程序运行结果如图 4-6 所示。

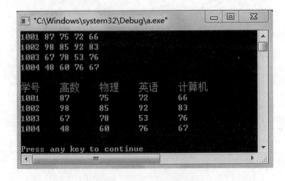

图 4-6　运行结果

我来试一试

增加表 4 – 1 中的数据，输入并输出 10 个人 6 门课的成绩表。

我来归纳

表格是二维的，由完整的行、列和单元格组成，我们以前所讲的一维数组，只是整个表格中的一行或一列数据。要想对整个表格中的数据进行相关操作，使用一维数组是无法实现的。利用二维数组，问题就迎刃而解了！

4.4

循序渐进 —— 实例解析

统计每个学生的平均分。

统计每门课程的最高分。

通过本案例进一步掌握二维数组在成绩管理中的应用。

○ **学习要点**

- 二维数组的定义、引用、初始化。
- 循环语句的嵌套应用。

任务描述

某班有 N 名学生,期末考试课程有数学、语文、英语和计算机。设计一个程序实现如下功能:

1)统计每个学生的平均分。

2)统计每门课程的最高分。

任务分析

可以利用二维数组和循环语句来解决这个问题。解决问题的思路(即算法)如下:

1)定义常量 NUM(代表人数)及变量、数组,其中的变量包括循环变量 i、j,还有存放累加和的变量 sum,存放最高分的变量 max。

2)利用循环语句为二维数组输入数据。

3)求每个学生的总分和平均分。

4)求每门课程的最高分。

相关知识点

可参考前面的相关知识,不再详述。

操作步骤

1）根据前面的任务分析，画出流程图，如图4-7所示。

2）编写程序。

```c
#define NUM 4
#include "stdio.h"
void main( )
{ int a[NUM][6],i,j,sum,max;
printf("请按行输入数据,数据之间用空格分开:\n");
  for (i =0;i <NUM;i ++)
    for (j =0;j <5;j ++)
      scanf("%d",&a[i][j]);
    for (i =0;i <NUM;i ++)              /* 求每个学生的总分和平均分 */
    {  sum =0;
    for (j =1;j <5;j ++)
        sum =sum +a[i][j];            /* 求某一学生的总成绩 */
      a[i][5] =(int)(sum/4.0 +0.5);   /* 将平均成绩四舍五入 */
    }
printf("\n学号 \t 数学 \t 物理 \t 英语 \t 计算机 \t 平均分 \n");
  for (i =0;i <NUM;i ++)
  { for (j =0;j < =5;j ++)
     printf("%d\t",a[i][j]);
  printf("\n");
  }
printf("最高分 \t");
  /* 求每门课程的最高分 */
  for (j =1;j <=5;j ++)
  { max =a[0][j];
    for (i =1;i <NUM;i ++)
      if (a[i][j] >max)
      max =a[i][j];
    printf("%d\t",max);
  }
  printf("\n");
}
```

3）程序运行结果如图4-8所示。

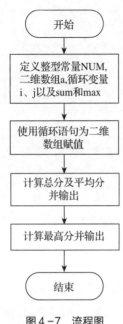

图4-7　流程图　　　　　　　　　　图4-8　运行结果

某班有 N 名学生，期末考试课程有数学、语文、英语和计算机。设计一个程序实现如下功能：统计出每一门课程的平均成绩。

我来归纳

通过对上面内容的学习，我们知道了二维数组的含义，学会了如何定义二维数组，掌握了利用二维数组编写程序的步骤，明白了二维数组在处理表格数据时所起到的作用。

习　题

一、选择题

1. 以下对一维数组 a 的定义中正确的是（　　）。
   A. char a（10）；
   B. int a［0…100］；
   C. int a［5］；
   D. int k = 10; int a［k］；

2. 以下对二维数组的定义中正确的是（　　）。
   A. int a［4］［］= {1, 2, 3, 4, 5, 6}；
   B. int a［］［3］；
   C. int a［］［3］= {1, 2, 3, 4, 5, 6}；

D. int a [ ] [ ] = { {1, 2, 3}, {4, 5, 6}};

3. 以下程序的输出结果是（　　）。

```
main()
{ int a[4][4]={{1,3,5},{2,4,6},{3,5,7}};
  printf("%d%d%d%d\n",a[0][3],a[1][2],a[2][1],a[3][0]);
}
```

  A. 0650   B. 1470   C. 5430   D. 输出值不定

4. 以下程序的输出结果是（　　）。

```
main()
{ int m[][3]={1,4,7,2,5,8,3,6,9};int i,j,k=2;
  for(i=0;i<3;i++){ printf("%d ",m[k][i]);}
}
```

  A. 4 5 6   B. 2 5 8   C. 3 6 9   D. 7 8 9

5. 以下程序的输出结果是（　　）。

```
main()
{ int b[3][3]={0,1,2,0,1,2,0,1,2},i,j,t=0;
  for(i=0;i<3;i++)
    for(j=i;j<=i;j++)
    t=t+b[i][b[j][j]];
  printf("%d\n",t);
}
```

  A. 3   B. 4   C. 1   D. 9

6. 若有定义语句：int a [2][4];，则引用数组元素的形式正确的是（　　）。

  A. a[0][3]   B. a[0][4]   C. a[2][2]   D. a[2][2+1]

二、编程题

1. 从键盘输入任意10个数并存放到数组中，然后计算它们的平均值，找出其中的最大数和最小数，并显示结果。

2. 有5个学生，每个学生有4门课程，将有不及格课程的学生成绩输出。

第 5 篇　函数

通过学习结构化程序设计，麦子能够编写一些简单的程序，但是对于复杂的程序总觉得无从下手，还总是做着一些重复工作。麦子有些苦恼，老师告诉麦子可以利用"函数"试试，麦子得赶紧向老师请教一下。

麦子：什么是函数？

老师：函数是能够实现一定功能的代码段。

麦子：噢，我明白了，那函数有什么用呢？

老师：在我们编写实际项目时，代码量很大，通常我们可以根据功能需求，将它划分为多个功能模块，每个模块再划分为更小的模块，最终由多人分工完成。函数就是最小的模块，可以实现一定的功能，最终"组装"为一个完整的项目。

麦子：听你这么说，我知道该怎么解决无从下手的问题了。

老师：不止呢，你还可以重复使用这些函数，减少重复性工作，提高编程效率。

麦子：我已经迫不及待去使用函数了。

老师：哈，我想你已经使用过函数了，那就是函数 main( )，它是整个程序的入口，程序是由若干个函数组装完成的，但是在顺序执行时总是有先有后，函数 main( ) 就是程序开始的地方。

麦子：对，以前的程序都是在函数 main( ) 中完成的。我还使用了输入/输出函数。

老师：输入/输出函数都是库函数，C 语言中帮我们定义好了很多库函数供我们使用，除此之外你还可以定义自己的函数。

🦴 **本篇重点**

　了解函数的概念
　熟悉函数的构成
　掌握函数的定义
　掌握函数的调用
　了解外部函数与内部函数
　掌握全局变量与局部变量的使用

5.1

程序的细胞——函数

以 4 位同学参加比赛，求最高分为例，引出问题，说明使用函数的重要性，通过实例学习自定义函数。

- 函数的概念
- 自定义函数
- 函数调用
- 参数传递

任务描述

4 位同学参加比赛，求成绩的最高分。

任务分析

要求 4 位同学成绩的最高分，可将 4 位同学的成绩两两进行比较，比较 3 次就可以得到最高分。解决问题的思路（即算法）如下：

1）4 个人的成绩分别用 a，b，c，d 4 个变量来存放，还有存放 3 次比较较大值的变量 max1，max2，max3。

2）定义变量，利用格式输入函数 scanf 分别输入 4 个人的成绩，先比较 a，b 的值，较大者为 max1，再用 max1 与 c 的值进行比较，较大者为 max2，再用 max2 与 d 的值进行比较，较大者为 max3，max3 即 4 位同学的最高分。

3）按照求解步骤，编写如下程序：

```
#include <stdio.h>
void main(){
    int a,b,c,d;          //4 位学生的成绩
    int max1,max2,max3;//每次比较的较大值
    printf("请输入 4 位学生的成绩 \n");
```

```
    scanf("%d%d%d%d",&a,&b,&c,&d);
    //获得a,b的较大值max1
    if(a >b){
        max1 = a;
    } else{
        max1 = b;
    }
    //获得a,b,c的较大值max2
    if(max1 >c){
        max2 = max1;
    }else{
        max2 = c;
    }
    //获得a,b,c,d的最大值max3
    if(max2 >d){
        max3 = max2;
    }else{
        max3 = d;
    }
    printf("4 位同学的最高分为%d\n",max3);
}
```

4）在这个程序中多次用到两个数的比较，总是在重复这个过程。此外，这个程序解决的是4个人的数据，如果是8个人，就需要用同样的方法获得另外4个人的最大值，再进行比较得到8个人的最大值。如果可以重复利用这一过程就好了，也许在今天要学的函数中可以找到答案。

相关知识点

1. 函数的概念

函数是一组能够实现一定功能的执行代码段，是程序设计最基本的逻辑单位。

一个C语言程序可以包含多个函数，每个函数都是平行的，函数之间可以相互调用。

函数分为库函数及自定义函数，库函数是系统已经定义好的，可以直接调用。

函数就像一个加工厂，将输入进行加工，最终得到输出。如图5-1所示，该函数将a，b两个数进行加工，最终得到两数之和sum。

但是，并不是所有的函数都有输入和输出。可根据自己的需要对

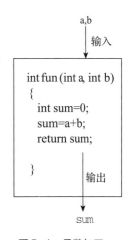

图5-1 函数加工

函数进行设计。

2. 函数的定义规则

一个函数通常包含函数头和函数体两部分，函数头包括返回值类型、函数名及参数部分，函数体是一系列语句的集合，可以完成一定的功能。

返回值类型 函数名（参数类型 参数名1，参数类型 参数名2，…，参数类型 参数名n）

```
{
    执行语句1；
    …
    执行语句2；
    return 返回值；
}
```

函数的定义规则如下。

返回值类型与返回值：返回值相当于函数的输出，一个函数可以没有返回值，也可以有一个返回值。没有返回值时，返回值类型为 void，不需要 return 语句。有返回值时，需要通过 return 语句返回数据。

函数名：用于标识函数，该名称需要符合标识符命名规范。在同一文件中函数的名称具有唯一性。

参数类型与参数名：参数相当于函数的输入。紧跟函数名之后有一对小括号，这是函数定义中必备的格式，用来存放函数的参数。一个函数可以没有参数，也可以有若干个参数。

函数体：函数体部分使用一对花括号进行标记。花括号是必备格式，用来存放语句。如果有返回值，需要使用 return 语句，该语句应作为函数的结束语句。

3. 自定义函数

根据上面的规则，我们知道函数可以有参数也可以无参数，可以有返回值，也可以没有返回值，那么如何设计自定义函数呢？

（1）无参数无返回值函数
先来看一个最简单的函数。

```
void fun()
{
}
```

这个函数既没有参数，也没有返回值，仅仅表达了一个函数定义所需要的最基本的格式。函数体内可以添加执行语句，实现相应的功能。

（2）有参数无返回值函数
"巧妇难为无米之炊"，当需要函数加工某些数据时，需要将这些数据作为参数传递给函数。

```
void year( int age)
{
  printf( "您当前的年龄为%d\n",age);
  printf( "您出生的年份为%d\n",2018 - age);
}
```

这个函数中，将年龄作为参数传递给函数，函数根据年龄计算出生年份。

（3）无参数有返回值函数

函数的返回值是函数被调用后返回给调用者的值。当函数有返回值时，这个函数就等价于这个值。

```
float getPI( )
{
    return 3.1415;
}
```

这个函数的作用是获得 π 的值。

（4）有参数有返回值函数

函数的参数作为输入，函数的返回值作为输出。

```
int sum( int a,int b){
    int s = 0;
    s = a + b;
    return s;
}
```

该函数实现了两个整数的求和计算，参数为两个整数，返回值为两数之和。

4. 函数的调用

函数调用时，采用如下形式：

函数名(参数1,参数2,…,参数 n);

函数调用时，函数名要与定义的函数名一致，参数列表也要一一对应。

对于无返回值函数来说，调用的函数作为语句来使用。例如：

```
fun( );
year(20);
```

对于有返回值函数来说，调用的函数相当于其返回值，当作一个值来使用。例如：

```
printf( "半径为1的圆的面积为% f\n",getPI( ) * 1 * 1);
```

```
int sum = sum(2,3);
```

一个程序通常由很多函数组成，函数之间可以嵌套调用。程序在运行时，首先从 main 函数开始执行，当遇到函数调用时，转向被调用函数，当被调用函数执行完毕后，再回到函数 main( )。例如：

```
#include <stdio.h>
int sum(int x,int y){
    int s = 0;
    s = x + y;
        return s;
}
void main(){
    int a = 1;
    int b = 2;
    int ss = sum(a,b);
    printf("%d + %d = %d\n",a,b,ss);
}
```

函数执行过程如图 5-2 所示。

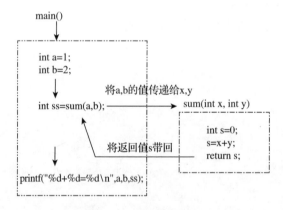

图 5-2　函数执行过程

5. 函数声明

C 语言代码由上到下依次执行，原则上函数定义要出现在函数调用之前，否则系统就会报错。但在实际开发中，经常会在函数定义之前使用它们，这个时候就需要提前声明。函数声明的格式如下：

返回值类型　函数名（类型 1 形参 1，类型 2 形参 2…）；

也可以不写形参，只写数据类型：

返回值类型　函数名（类型 1，类型 2…）；

例如，函数 fun( ) 定义在 main( ) 函数之后，那么在函数 main( ) 调用函数 fun( ) 之前要声明。

```
#include <stdio.h>
void fun();
void main()
{
    fun();
}
void fun(){
    printf("hello world");
}
```

另外，随着程序功能的完善，代码量会越来越大，此时可以将代码放在不同的文件里，当我们引用其他文件的函数时，即使用外部函数时，需要使用 extern 关键字声明函数。例如，在同一工程下新建一个其他的 C 程序文件，该文件包含一个 fun( )函数。

```
#include <stdio.h>
fun(){
    printf("hello world\n");
}
```

如果我们需要在当前文件中使用 fun( )函数，需要声明该函数。

```
#include <stdio.h>
extern void fun();
void main()
{
    fun();
}
```

6. 参数的传递

函数调用时，参数列表要一一对应，如果参数是普通变量，那么传递采用"值传递"。其中函数定义中的参数称为形参，函数调用中的参数称为实参。

例如，如下程序中，函数 swap( )实现了两个数的交换。

```
#include <stdio.h>
void swap(int a,int b)
{
    printf("形参交换前 a = %d,b = %d \n",a,b);
    int temp = 0;
    temp = a;
```

```
    a = b;
    b = temp;
    printf("形参交换后 a = %d,b = %d \n",a,b);
}
void main()
{
    int a = 1;
    int b = 2;
    printf("实参交换前 a = %d,b = %d \n",a,b);
    swap(a,b);
    printf("实参交换后 a = %d,b = %d \n",a,b);
}
```

函数调用时，其参数变化如图5-3所示。

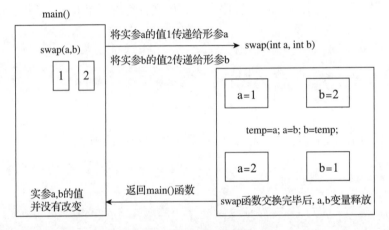

图5-3　函数参数传递

运行程序，结果如图5-4所示。

图5-4　运行结果

操作步骤

1）根据任务分析，画出流程图。首先应该定义一个函数 max( )，这个函数可以获得两个数的较大值。然后通过三次调用函数 max( )，获得4位同学的最高分。图5-5为函数 max( )流程图，图5-6为程序流程图。

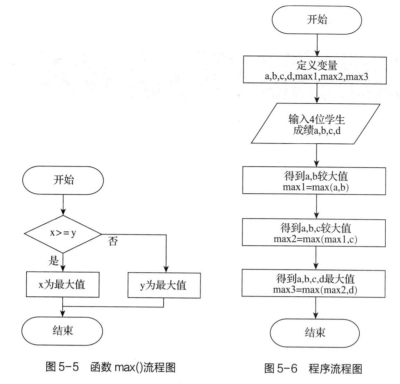

图 5-5　函数 max() 流程图　　　　　图 5-6　程序流程图

2）编写程序。

```c
#include <stdio.h>
// 函数 max() 得到两个数的最大值
int max(int x,int y){
    if(x >= y)
        return x;
    else
        return y;
}
void main(){
    int a,b,c,d;           //四位学生的成绩
    int max1,max2,max3; //每次比较的较大值
    printf("请输入四位学生的成绩 \n");
    scanf("%d%d%d%d",&a,&b,&c,&d);
    //获得 a,b 的较大值 max1
    max1 = max(a,b);
    //获得 a,b,c 的较大值 max2
    max2 = max(max1,c);
    //获得 a,b,c,d 的最大值 max3
    max3 = max(max2,d);
    printf("四位同学的最高分为%d \n",max3);
}
```

3）运行程序。输入四位学生的成绩，输出最高分，如图5-7所示。

图5-7　运行结果

我来试一试

1）定义一个函数 max( )，实现求三个数的最小数。

2）在函数 main( )中，输入 6 个数，求这 6 个数的最小数。

我来归纳

程序可根据需要划分为多个模块，每个模块又由若干函数组成，每个函数实现一定的功能。使用函数可将任务分解，使编程更容易，并且重复利用函数，可以减少代码，提高效率。

在自定义函数时，要根据需求考虑是否需要参数，是否需要返回值。调用函数时实参列表要与形参列表一致。

5.2

循环利用——递归调用

◉ **教学指导**

　　以斐波那契数列为例，引出函数调用的问题。

◉ **学习要点**

- 调用过程
- 嵌套调用
- 递归调用

┌─────────┐
│ 任务描述 │
└─────────┘

　　利用所学函数实现"斐波那契数列"。

┌─────────┐
│ 任务分析 │
└─────────┘

　　斐波那契数列是数学家列昂纳多·斐波那契以兔子繁殖为例子而引入的，故又称为"兔子数列"。

　　一般而言，兔子在出生两个月后，就有繁殖能力，一对兔子每个月能生出一对小兔子。如果所有兔子都不死，那么一年以后可以繁殖多少对兔子？由此得到每个月兔子的数量为一个数列：

　　1、1、2、3、5、8、13、21、34、55、89、144、233…

　　观察这个序列，能够发现从第三个数起，每一个数都为前两个数的和，即

　　$f(N) = f(N-1) + f(N-2)$

　　对于这个问题，需要定义一个函数，实现计算两个数的和，程序中需要多次调用这个方法，但是每次计算的和都需要保存起来。

相关知识点

1. 内存四区

当程序运行时，操作系统将程序分配到内存空间。内存空间分为四个区域，分别为栈区、堆区、数据区和代码区。

栈区用来存放函数的参数、全局变量等数据。栈区的特点是先进后出，后进先出。

堆区用来存放程序员申请的空间，堆区空间大，但存取速度较栈区慢。

数据区用来存放全局变量、静态变量及常量等。

代码区用来存放函数体的二进制代码。当程序调用函数时，就会在代码区寻找该函数的二进制代码并运行。

2. 函数的嵌套调用

C 语言中函数与函数是平行的关系，一个函数不能定义在另一个函数中，但是它们之间可以相互调用。例如：

```c
#include <stdio.h>
int sum(int x,int y){
    return x+y;
}
int mul(int x,int y){
    return x*y;

}
void main(){
    int a=1,b=2,c=3;
    mul(sum(a,b),c);
}
```

在上面的程序中，定义了函数 sum( ) 用于求两数之和，函数 mul( ) 用于求两数之积，函数 main( ) 中调用了函数 mul( )，在函数 mul( ) 中又调用了函数 sum( )，实现计算 (1+2)*3 的值。

其调用过程如图 5-8 所示。

3. 函数的递归调用

函数调用其本身的过程称为函数的递归调用。例如，计算 $f(n)=1+2+3+\cdots+n$ 的值时，如果已知 $f(n-1)$ 的值，则 $f(n)=f(n-1)+n$，依此类推。

```
f(n-1) = f(n-2) + (n-1)
...
f(3) = f(2) + 3
f(2) = f(1) + 2
f(1) = 1
```

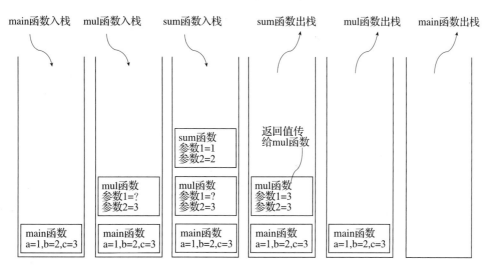

图 5-8　函数调用过程

在上述过程中，函数 f（int n）不断调用其本身，当 n 的值为 1 时，结束调用。
其代码如下：

```
#include <stdio.h>
int fun(int n){
  if(n==1){
      return 1;
  }else{
      return fun(n-1) +n;
  }
}
void main(){
  int n;
  printf("请输入一个整数\n");
  scanf("%d",&n);
  printf("1 +2 +… +%d = %d\n",n,fun(n));
}
```

程序运行结果如图 5-9 所示。

图5-9　运行结果

使用递归调用时，一定要注意必须有结束条件，否则程序无限次调用，会造成内存溢出。

操作步骤

1）根据任务分析，斐波那契数列

1、1、2、3、5、8、13、21、34、55、89、144、233…的

f（1）=1，f（2）=1，从第三个数起，每一个数都为前两个数的和，即

```
f(N) = f(N-1) + f(N-2)
f(N-1) = f(N-2) + f(N-3)
...
f(3) = f(1) + f(2)
f(2) =1
f(1) =1
```

自定义函数 int fun(int n)，通过递归调用该函数输出斐波那契数列，其结束条件为 n =1 或 n =2。

2）编写程序。

```
#include <stdio.h>
int fun(int n){
    //第一个月与第二个月,兔子只有一对
    if(n ==1||n ==2){
        return 1;
        }else{
    //从第三个月起,每个月兔子的数量是前两个月兔子数量的总和
return fun(n-1) + f(n-2);
}
}
void main(){
    printf("斐波那契数列前12 个序列为:\n")
    for(int i =1;i < =12;i ++){
        printf("%d",fun(n));
}
}
```

3）程序运行结果如图 5-10 所示。

斐波那契数列前12个序列为：
1 1 2 3 5 8 13 21 34 55 89 144
请按任意键继续. . .

图5-10 运行结果

我来试一试

通过递归调用函数计算 $1 * 2 * 3 * \cdots * n$ 的值。

我来归纳

有的程序既可以通过递归调用实现，也可以使用非递归方法实现。使用递归调用的好处在于思路清晰，缺点在于不断地入栈，所占内存较大，当递归次数较多时，执行速度较慢。

5.3
变量也分级别 —— 变量作用域

○ **教学指导**

　　以售票程序为例，引出变量作用域的问题，说明不同的变量有不同的作用域。根据作用域范围，变量可以分为全局变量和局部变量。

○ **学习要点**

- 局部变量
- 全局变量
- 变量的作用域

任务描述

　　编写一个售票程序，一共有 100 张票，每次卖出票后能够输出当前的票数。

任务分析

　　首先自定义一个函数 sale，卖出 n 张票，计算剩余票数。

　　1）定义一个变量 total，用来存放当前的票数。

　　2）在函数 sale( ) 中，定义变量 n 来存储用户购买的票数。用户买票后总票数 total = total − n；

　　函数 main( ) 中，当票数大于或等于 0 时，调用函数 sale( )。

　　3）按照求解步骤，编写如下程序：

```c
#include <stdio.h>
int sale(int total){
    int n = 0;
    printf("请输入您要买的票数\n");
    scanf("%d",&n);
    total = total − n;
    printf("剩余票数%d",total);
```

```
    return total;
}

    void main(){
      int total =100;
      while(total > =0){
          total = sale(total);
      }
}
```

运行结果如图 5-11 所示。

图 5-11　运行结果

在编写程序的过程中，发现 total 变量出现在 main 函数与 sale 函数中，如果其他函数用到该变量，在自定义函数时，需要将其作为参数进行传递，有没有更好的解决方法呢，在下面的学习中也许能够找到答案。

相关知识点

1. 局部变量

局部变量是定义在函数内部的变量，其作用范围为该函数，其他函数是无法访问该变量的。当该函数被调用完毕后，变量会随之释放。

例如，有如下程序：

```
#include <stdio.h>
void fun()
{
    int x =1;
}
void main()
{
    fun();
    x =2;
}
```

fun 函数内定义了一个局部变量 x =1，在函数 main( )中修改 x 的值为 2，运行程序，出现错误。

```
[Error] error: 'x' undeclared (first use in this function)
```

错误原因是 x 为函数 fun( )中的局部变量，仅在函数 fun( )中可用，当函数 main( )调用函数 fun( )执行完毕后，x 变量会被释放。

2. 全局变量

全局变量是定义在函数外部的变量，其作用范围为源程序，源程序中的其他函数可以使用该变量。

例如，如下程序中在函数外部定义了全局变量 x = 0。

```
#include <stdio.h>
int x = 0;
void fun()
{
    x = 1;
    printf("fun 函数 x = %d\n",x);
}
void main()
{
    fun();
    x = 2;
    printf("main 函数 x = %d\n",x);
}
```

其中函数 fun( )中修改全局变量 x = 1，函数 main( )中修改全局变量 x = 2，运行程序，结果如图 5-12 所示。

图5-12　运行结果

3. 变量作用域

一个变量根据其定义位置不同，作用域也不同。当同名的变量被分别定义为全局变量与局部变量时，局部变量的优先级高于全局变量。

例如，如下程序中定义了全局变量，在函数 fun( )与函数 main( )中又分别定义了局部变量。

```
#include <stdio.h>
int x = 0;
void fun()
{
    int x = 1;
    printf("fun 函数局部变量 x = %d\n",x);
```

```
}
void main()
{
    printf("全局变量 x = %d \n",x);
    fun();
    int x = 2;
    printf("main 函数局部变量 x = %d \n",x);
    }
```

运行结果如图 5-13 所示。

图 5-13　运行结果

不难发现，在函数内部既有局部变量又有全局变量时，局部变量会屏蔽全局变量，即局部变量的优先级高于全局变量。

操作步骤

1）根据任务分析对程序进行优化，总票数 total 变量可以定义为全局变量。

2）编写程序。

```
#include <stdio.h>
int total =100;
void sale(){
    int n =0;
    printf("请输入您要买的票数 \n");
    scanf("%d",&n);
    total = total - n;
    printf("剩余票数%d",total);
}
void main(){
    while(total > =0){
        sale();
    }
}
```

3）程序运行结果如图 5-14 所示。

图 5-14　运行结果

一个工厂既生产零件又售卖零件，当生产或售出零件时，输出当前零件的个数。

我来归纳

全局变量的作用范围是整个程序，局部变量的作用范围是定义的函数内部。一个变量究竟要定义为全局变量还是局部变量，需要根据变量的作用来判断。如果一个程序中的多个函数都要对同一变量进行操作，那么可以考虑将其定义为全局变量。

习 题

一、选择题

1. 以下关于函数的叙述中不正确的是（   ）。

   A）C 语言程序是函数的集合，包括标准库函数和用户自定义函数

   B）在 C 语言程序中，被调用的函数必须在函数 main( ) 中定义

   C）在 C 语言程序中，函数的定义不能嵌套

   D）在 C 语言程序中，函数的调用可以嵌套

2. C 语言中函数返回值的类型是由（   ）决定。

   A）return 语句中的表达式类型　　　　B）调用函数的主调函数类型

   C）调用函数时临时　　　　　　　　　D）定义函数时所指定的函数类型

3. 有如下函数调用语句：

   ```
   fun(r1,r2 + r3,(r4,r5));
   ```

   该函数调用语句中，实参个数是（   ）。

   A）3　　　　　　　B）4　　　　　　　C）5　　　　　　　D）有语法错

二、编程题

1. 请编写一个函数，能够计算边长为 a 的正方形的面积，当用户输入边长之后，输出该正方形的面积。

2. 请编写一个函数，能够实现交换 a，b，c 三个数，交换后的值 b = a，c = b，a = c。

3. 使用非递归方法实现斐波那契数列。

第6篇 指针

麦子对几种数据类型都已了解，也能在程序中灵活应用了，现在对另外一种指针类型特别感兴趣。麦子想知道这种数据类型与其他类型有什么不同，怎样在程序中应用，为此麦子向老师请教。

麦子：老师，我已经掌握 C 语言的几种数据类型了，现在想知道如何使用指针类型？

老师：指针是 C 语言中非常特殊的一种数据类型，利用指针可使调用函数与被调用函数共享变量或数据结构，实现双向数据通信以及内存空间的动态分配等。

麦子：指针类型与我们已经学过的数据类型有什么不同呢？

老师：之前学过的数据类型的变量保存的是对应的数据，而指针类型的变量保存的是变量对应的内存地址。

麦子：哦，好像明白一些了，为什么要存放内存地址呢，与其他类型数据相比有什么优点？

老师：麦子，你很爱思考，那就带着这些问题，我们一起来学习吧！

🦴 **本篇重点**

了解指针的概念

掌握指针的定义、初始化及引用

掌握指针的运算

掌握指针的使用

6.1

初出茅庐——认识指针

通过对指针概念的学习，定义一个指针变量，通过结果的输出及运算理解指针类型与其他数据类型的区别。

学习要点

- 指针的概念
- 指针的运算

任务描述

通过指针变量输出一个整型变量的值和地址，观察其输出方式与输出结果。

任务分析

我们已经学过整型变量，能输出其值，但是并不知道如何输出变量的地址，利用指针变量就可以输出变量的地址，具体的解决问题的思路（即算法）如下：

1）定义简单的整型变量 num 和指针变量 p；

2）给指针变量 p 赋值，将 num 的地址赋给指针变量 p；

3）输出变量的值和地址；

4）通过指针变量输出变量的值和地址。

相关知识点

1. 指针的概念

在 C 语言中有一种特殊类型的变量，专门用于存放其他变量的地址，这种变量称为指针变量，通常简称指针。

要理解指针的概念，就要从计算机数据的存储原理上认识指针。在程序运行过程中，数据都是保存在内存中的，内存是以字节为单位的连续存储空间，每个字节都有一个编号，这个编号称为地址。变量也是有地址的，每个变量在生存期内都占有一定数量的字节（这些字节在内存中是连续的），其第一个字节的地址就称为该变量的地址。变量的地址在程序执行过程中是不会发生变化的，所以一个变量的指针是一个常量。

2. 指针变量的定义及初始化

指针是一种数据类型，所以指针变量和普通变量一样，也要先定义后使用。

一般而言，其定义的语法格式如下：

数据类型标识符　　*　　指针变量名；

上述语法格式中，"*"是专门用于定义指针变量的标识符，用于标识定义的变量是指针变量，而不是普通的变量。

同样，也可以在定义时为指针变量赋初值，即初始化。一般地，指针变量的定义及初始化格式如下：

类型标识符　*　指针变量名 = & 变量名；

指针变量初始化后，该指针变量就指向了具体的变量，对变量的访问就可以通过指针变量完成。

3. 指针变量的引用

在前面讲解过许多运算符，在程序中可以使用算术运算符、逻辑运算符对各种数据类型的变量进行运算。指针变量作为一种特殊的变量，同样也可以参与运算，与其他数据类型变量不同的是，指针变量的运算都是针对内存中的地址来进行的。

取址运算符 &：在程序中定义一个变量时会在内存中开辟一个空间用于存放该变量的值，为变量分配的内存空间都有一个唯一的编号，这个编号就是变量的内存地址。取址运算符的作用就是取出指定变量在内存中的地址，取址运算符使用 "&" 符号来表示。

取值运算符 *：在 C 语言中针对指针运算还提供了一个取值运算符，其作用是根据一个给定的内存地址取出该地址对应变量的值。取值运算符使用 "*" 符号表示，其语法格式为 "* 指针表达式"，其中 "*" 表示取值运算符，"指针表达式" 用于得到一个内存地址，两者结合使用就可以获得该内存地址对应变量的值。

4. 指针变量的运算

指针变量作为一种变量在程序中也经常参与运算，除了上面提到的取址运算和取值运算，还包括指针变量与整数的加减、自增自减、同类指针变量相减等运算。

指针变量与整数相加、减运算：p + n 或 p − n，p 表示一个指针变量，n 表示一个整数。表达式 p + n 表示 p 所指向的内存地址向后移动 n 个数据长度，p − n 表示 p 所指向的内存地址向前移动 n 个数据长度，其数据长度为该数据类型的所占的字节数。

指针变量的自增、自减运算：指针变量也可以进行自增或自减运算，如 ++ p，p − −，分别为自增和自减运算，自增和自减运算符在前面已经讲解过，在这里的使用方法与前面一样，不同的是其增加或减少指的是内存地址的向前或向后移动，其数据长度为该类型所占的字节数。

同类指针变量相减运算：有同类型的两个指针变量 m、n，m – n 的结果值为两个指针之间数据元素的个数；同类指针变量不可以进行相加操作。

操作步骤

1）根据前面的任务分析，画出流程图，如图 6–1 所示。

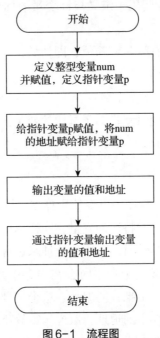

图6-1　流程图

2）编写程序。

```c
#include  <stdio.h>
void main( )
{
    int num = 100;              //定义整型变量 num 并赋值
    int * p;                    //定义指向整型变量的指针变量
    p = &num;                   //为指针变量 p 赋值,即让指针变量指向变量 num
    printf("num 的值是:%d,num 的地址是:%p\n",num,&num);
                                //直接输出整型变量 num 的值和地址
    printf("num 的值是:%d,num 的地址是:%p\n", *p,p);
                                //通过指针变量输出 num 的值和地址
}
```

3）程序运行结果如图6-2所示。

num的值是：100，num的地址是：0022FF44
num的值是：100，num的地址是：0022FF44
请按任意键继续. . .

图6-2 运行结果

我来试一试

用指针变量访问方式，从键盘输入两个单精度型数，再按从大到小的顺序输出。

我来归纳

通过上面内容的学习，我们知道了指针是一种数据类型，它与其他数据类型最大的区别是指针变量存放的是地址值；定义一个指针变量，其类型要与所指向的变量的类型一致；掌握了取值运算符 * 和取址运算符 & 的使用方法；知道了指针变量除了不能进行同类指针变量相加运算，可以参与与整数加减、自增自减、与同类指针变量相减等运算。

6.2
指针的运用

○ **教学指导**

学习了指针的概念和指针变量的运算，通过指向变量的指针在函数中的应用来学习指针变量的使用方法。

○ **学习要点**

- 指针变量的使用
- 指针变量作为函数参数

任务描述

用指针变量作为函数参数，编写函数 swap( )实现两变量的交换，并在主程序中调用该函数，输出结果并分析与用变量作为参数的区别。

任务分析

指针变量除了可以参与运算，还可以作为函数的参数来使用。它的作用是将一个变量的地址传送到另一个函数中。解题步骤如下：

1）定义两个变量并初始化；
2）将两变量的地址作为实参，调用函数 swap( )；
3）输出两变量，观察输出结果。

函数 swap( )的算法如下：

- 以指向待交换的两个变量的指针变量为形参
- 定义临时变量 temp，用于存储待交换的变量
- 将第一形参的值赋给临时变量 temp 保存
- 将第二形参的值赋给第一形参
- 将临时变量 temp 的值赋给第二形参，完成两个变量的交换

相关知识点

1. 指针变量作为函数参数的定义格式

指针变量作为函数的参数时，传递的是指针变量所指向的变量的地址，因此函数的形参应说明为指针变量。函数说明的一般形式如下：

函数类型　函数名（指针变量列表）；

例如：

```
void  swap(int * x,int * y);
```

2. 调用形参为指针变量的函数的格式

若指针变量作为函数形参，当调用该函数时，实参传递的是指针变量所指向变量的地址。

形参为指针变量的函数的调用格式如下：

函数名（变量地址列表）；

例如：

```
swap(&x,&y);
```

3. 不同位置的"∗"的含义

在函数swap()的形参说明中，"∗"表示定义 x 和 y 为整型指针变量，而函数体中的"∗"是取值运算符，两者虽有相同的形式，但其含义是不一样的。

操作步骤

1）根据前面的任务分析，画出程序的流程图，如图6-3所示。

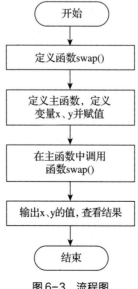

图6-3　流程图

2）编写程序。

```c
#include <stdio.h>
void swap(int *x, int *y)          //函数参数为整型指针变量
{
    int temp;                      //定义中间变量
    temp = *x;                     //x 的值赋给 temp
    *x = *y;                       //y 的值赋给 x
    *y = temp;                     //temp 的值赋给 y
}
void main()
{
    int a =10, b =20;
    printf("调用函数前变量 a 和 b 的值为:%d %d \n", a, b);
    swap(&a, &b);                  //调用函数 swap()
    printf("调用函数后变量 a 和 b 的值为:%d %d \n", a, b);
}
```

3）程序运行结果如图6-4所示。

图6-4　运行结果

我来试一试

编写一个求两数之和的函数，且函数类型为 void，加数和被加数由参数传入，两数之和由参数传出，在主函数中调用该函数，输出结果并验证。

我来归纳

通过上面内容的学习，我们知道了指针作为函数参数时，函数体内对形参的改变实际上是对实参的改变，这一特性可用于函数间变量的通信。另外函数 swap( ) 必须写在函数 main( ) 的前面，否则需要在函数 main( ) 前声明函数 swap( )。

6.3
指向数组的指针变量

前面学习了指针变量的定义与引用，而且学习了指针变量的常用运算。指针除了可以指向普通变量，还可以指向数组。程序开发中有时需要将数组作为参数传给函数。

数组在内存中占用一块连续的存储空间，数组名代表这块存储空间的首地址。一块连续的存储空间，指针当然可以指向它。指针指向数组时，可以通过移动指针来访问数组中的元素。当指针变量指向一维数组时，指针从第 1 个元素开始，每加 1 就向后跳一个元素。然后通过引用指针变量来获取数组元素。

学习要点

- 指向一维数组元素的指针变量的定义
- 数组元素的引用
- 数组指针作为函数参数

任务描述

定义一个含有 6 个元素的数组，并对其进行初始化。定义一个指针变量，使其指向该数组，用不同的访问方式输出数组值；用指向数组的指针变量作为函数参数，编写一个输出数组平均值的函数 AVG( )，并在主程序中调用函数 AVG( )。

任务分析

C 语言中指针和数组之间有着极为密切的联系。引用数组元素可以用下标法，也可以用指针法。用指向数组的指针变量作为函数参数，还需考虑数组长度的设置。解题步骤如下：

1) 定义数组并初始化；
2) 定义指向一维数组元素的指针变量；

3）分别用数组名下标法、数组名指针法、指针变量下标法、指针变量指针法输出数组元素值；

4）将指针作为实参，调用函数 AVG()；

函数 AVG() 的算法如下：

- 函数中设计两个形参，一个为指向数组的指针变量，一个表示数组元素的个数
- 定义循环变量 i 和平均值变量 a
- 通过 for 循环求出 a
- 输出 a 的值

相关知识点

1. 指向数组的指针变量

指向数组的指针变量类似于指向简单变量的指针变量。只需将数组的首地址（或数组名）赋给指针变量。

例如：

```
int   data[6];            //定义 data 为包含 6 个整型数据的数组
int *p;                   //定义 p 为指向整型数组的指针变量
p = data;(或 p = &data[0];)    //p 为指向数组 data 的指针变量
```

2. 数组的指针

数组的指针是指数组在内存中的起始地址；数组元素的指针是指数组元素在内存中的起始地址。

3. 数组元素的引用

如果 p 就是指向数组 data 的指针变量，则对数组元素的引用可以采用以下方式：
data [i]，p [i]，* (data + i)，* (p + i) 等，i 为相应数组元素的下标。

4. 用指向数组的指针变量作为函数参数

用指向数组的指针变量作为函数参数，还需考虑数组长度的设置。数组名是指针常量，是指向数组的指针，所以调用函数时，实参既可以是数组名，也可以是指向数组的指针变量。

操作步骤

1）根据前面的任务分析，画出程序的流程图，如图 6-5 所示。

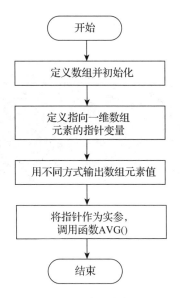

图 6-5　程序设计流程图

2）编写程序。

```
#include   <stdio.h>
void   AVG(int * pInt,int num)
{
    int  i;
    float sum = 0;
    for(i = 0;i < num;i ++)
        sum += * (pInt + i);                    //sum 用于保存数组元素的和
    printf("数组平均值为% f:\n",sum/num);
}
void main( )
{
    int data[6] = {3,8,10,5,4,12};
    int * p = data;
    int i;
    AVG(p,6);                                   //指针变量作实参,调用函数 AVG( )
    AVG(data,6);                                //数组名作实参,调用函数 AVG( )
    for(i = 0;i < 6;i ++)
        printf(i ==5?"%d \n":"%d",data[i]);     //数组名下标法输出数组元素值
    for(i = 0;i < 6;i ++)
        printf(i ==5?"%d \n":"%d", * (data + i)); //数组名指针法输出数组元素值
    for (i = 0;i < 6;i ++)
        printf(i ==5?"%d \n":"%d",p[i]);        //指针变量下标法输出数组元素值
    for(i = 0;i < 6;i ++)
        printf(i ==5?"%d \n":"%d", * p ++);     //指针变量指针法输出数组元素值
}
```

3）程序运行结果如图6-6所示。

图6-6　运行结果

我来试一试

用指向数组的指针变量作为函数参数，编写一个对数组进行排序的函数 sort( )。

我来归纳

C 语言中指针和数组之间有着极为密切的联系。引用数组元素可以用下标法，也可以用指针法。两者相比而言，下标法易于理解，适合于初学者；而指针法有利于提高程序运行效率。

习 题

一、填空题

1. C 语言中有一种变量用于存放其他变量的地址，这种变量称为_____。
2. 指针变量的加减运算实质上是在内存中移动某个数据类型所占的_____。
3. 在 C 语言中，有一个特殊的运算符可以获取内存地址，该运算符是_____。
4. 指针变量作为函数参数，其值传递是_____传递。

二、选择题

1. 若有定义 int * f( );，则下列描述中正确的是（　　）。
   A. 一个用于指向整型数据的指针变量
   B. 一个用于指向一维数组的指针变量
   C. 一个用于指向函数的指针变量
   D. 一个返回值为指针型的函数名
2. 下列关于指针的说法中，正确的是（　　）。
   A. 指针是用来存储变量值的类型

B. 指针一旦定义，就不能再指向别的变量

C. 指针中存储的是变量的内存地址

D. 指针一旦定义，必须要指向某一个变量

3. 下面程序的输出结果是（　　）。

```
void main()
{
    int a[10] = {1,2,3,4,5,6,7,8,9,10}, *p = a;
    printf("%d\n", *(p + 2));
}
```

A. 3　　　　　　　　B. 4　　　　　　　　C. 1　　　　　　　　D. 2

4. 下列关于指针的说法中，正确的是（　　）。

A. 指针是用来存储变量值的类型

B. 指针类型只有一种

C. 指针变量可以与整数进行相加或相减运算

D. 指针不可以指向函数

5. 有如下说明：int a [10] = {1, 2, 3, 4, 5, 6, 7, 8, 9, 10}, *p = a;，那么数值为9的表达式是（　　）。

A. *p + 9　　　　B. * (p + 8)　　　　C. * (p + 9)　　　　D. p + 8

6. 在类型相同的两个指针变量之间，不能进行的运算是（　　）。

A. <　　　　　　　B. =　　　　　　　C. +　　　　　　　D. −

三、编程题

编写一个参数为指针变量的函数，对三个整型数进行升序排序，并在主函数中调用该函数加以验证。

第7篇　字符串

　　我是麦子同学，在编写诸如学生管理类程序时，需要经常对文本类信息进行处理，而这常常是一个庞大的工程，还是去请教一下老师有没有好的解决办法吧。

　　麦子：老师，我已经掌握了包括基本数据类型、数组、指针等 C 语言的基础知识了，但在学生管理系统的程序编写中，常常需要使用字符数组来存储学生的信息并对其进行操作，而使用字符数组存储某个学生姓名时需要对字符逐个初始化，再加上对这些信息进行后续处理，非常烦琐，有没有更好办法呢？

　　老师：麦子，你能够灵活运用学过的知识去完成项目，很不错。对于你的问题，我想可以使用字符串以及字符串库函数来解决。

　　麦子：使用它们有什么好处呢？

　　老师：使用字符串可以方便地定义文本类信息，并且 C 语言提供的字符串库包含很多可以直接调用的字符串函数，不必逐个初始化及定义。

　　麦子：原来字符串还可以这样使用，太方便了，谢谢老师！

　　老师：不用客气！

🦴 **本篇重点**

了解字符数组的使用

掌握字符串的定义

掌握字符指针的定义

掌握字符串的输入/输出

掌握字符串常用函数

7.1
文本信息表达——字符数组

● 教学指导

　　以在学生管理系统中存储、复制及修改学生信息为例，引出字符数组的使用。

● 学习要点

　　• 字符数组

任务描述

　　在学生管理系统中保存学生的姓名并在控制台输出。

任务分析

　　由于学生的姓名数据量大，可以通过定义字符数组来存放学生的姓名信息。由于学生的姓名长度不一致，在定义时要考虑数组的长度。例如，将其定义为 char name[20]，以足够存放学生的姓名。最终利用循环语句输出数组数据。

相关知识点

1. 字符数组的定义

字符数组中的每一个元素都是字符类型，其使用方法与整数数组一致。

字符数组的定义格式如下：

char 数组名 [常量表达式]；

其中 "char" 代表数组类型，"数组名" 代表数组的名称，"常量表达式" 代表数组的长度。

例如，一个存放 5 个字符的字符数组可定义如下：

```
char c[5];
```

2. 字符数组的初始化

字符的初始化即给数组中的元素赋值。例如：

```
char c[5] = {'h','e','l','l','o'};
```

或者可直接给每一个元素赋值，例如：

```
char ch[5];
ch[0] = 'h';
ch[1] = 'e';
ch[2] = 'l';
ch[3] = 'l';
ch[4] = 'o';
```

需要注意的是，初始化的字符长度不得大于字符数组定义的长度，否则会出现数组下标越界的错误。对于数组 char[N]来说，字符长度最大为 N−1。

如果初始化的字符长度小于字符数组的长度，默认使用空字符（'\0'）进行补充。

例如：

```
char c[5] = {'h','e','l'};
```

其中 c[3] = '\0'，c[4] = '\0'。

如果用户没有指定字符数组的长度，则其长度等同于初始化的字符个数。例如：

```
char ch[] = {'h','e','l','l','o'};
```

那么 ch 的长度默认为 5。

操作步骤

1）任务分析

使用字符数组存储学生信息，并利用循环语句输出数组中的数据。

2）编写程序。

```
#include <stdio.h>
void main(){
    char name[20] = {'w','a','n','g','j','i','e'};       //初始化学生姓名
    for (int i =0;i < sizeof(name);i ++){                //利用 sizeof 获取数组长度
        printf("%c",name[i]);
    }
    printf("\n");
}
```

3）程序运行结果如图 7−1 所示，程序在运行过程中循环了 20 次，但实际学生的姓名并没有 20 个字符，没有初始化的数组元素默认赋值为空字符（'\0'）。

图7-1　运行结果

我来试一试

获取学生姓名的真实长度。(提示：判断当前元素是否为空字符（'\0'）)

我来归纳

通过上面的内容，我们学会了字符数组的定义与初始化，能够利用字符数组存储文本信息。

7.2
文本信息表达——字符串

以学生管理系统中，存储、复制及修改学生信息为例，引出字符串的使用。

○ 学习要点

● 字符串

任务描述

复制学生姓名。

任务分析

采用字符数组存储字符串，通过循环分别复制字符数组元素。

相关知识点

1. 字符串的概念

字符串是由字母、数字、下画线等字符组成的一串字符。字符串采用英文半角的双引号括起来。例如：

```
"hello world";
```

字符串在 C 语言中通常使用字符数组来存储。

2. 使用字符串初始化字符数组

字符串可用来对字符数组进行初始化，如存储 hello 这个单词，我们可以采用如下方式：

```
char c[5] = {'h','e','l','l','o'};
```

或者

```
char c[6] = "hello";
```

使用字符串初始化字符数组很方便，但是用字符串"hello" 初始化的字符数组长度为6，其原因是字符串采用空字符（'\ 0'）作为结束标记。其等价于

char c[6] = {'h','e','l','l','o','\0'};

定义数组时，也可以省略数组的大小，让编译器自动确定长度。

操作步骤

1）根据前面的任务分析，使用字符数组存储学生的姓名，并利用循环语句复制数组中的数据。

2）编写程序。

```
#include <stdio.h>
void main(){
    char name[20] ={"wangjie"};          //初始化学生的姓名
    char copyname[20];
    for (int i =0;i <sizeof(name);i ++){
        copyname[i] =name[i];            //复制每个元素
        printf("%c",copyname[i]);        //格式化输出语句输出字符
    }
    printf("\n");
}
```

3）程序运行结果如图7-2所示。

图7-2　运行结果

我来试一试

有两个字符串"hello" 与"world"，将其拼接为一个字符串并输出。

我来归纳

通过上面的内容，我学会了使用字符串对字符数组进行初始化。

7.3
文本信息表达——字符指针

○ **教学指导**

以学生管理系统中，存储、复制及修改学生信息为例，引出字符指针的使用。

○ **学习要点**

- 字符指针

任务描述

修改学生姓名，将学生姓名"wangjie" 中的 'e' 修改为 'a'。

任务分析

通过遍历学生姓名，查找姓名中的 'e' 字符，并进行修改。

相关知识点

1. 字符指针变量的定义

定义字符指针变量的语法格式如下：

char * 变量名

例如：

```
char * chr;
```

chr 代表指针变量，其指向的变量为字符类型。

2. 字符指针变量的初始化

可以使用字符数组对字符指针变量赋值，字符指针变量指向字符数组的首地址。例如：

```
char c[] = "hello";
char * chr = c;
```

也可以使用字符串对字符指针变量赋值，字符指针变量指向字符串的首地址。例如：

```
char * chr = "hello";
```
或者
```
char * chr;
chr = "hello";
```

这两种方式的区别在于，字符数组存放在栈区，而使用字符串赋值，字符串作为常量存放在数据区，不可以对常量进行修改。

3. 字符指针的使用

数组可以使用下标和地址法引用数组元素，同样地，字符指针也可以通过指针变量加下标法引用字符串元素。

* （chr + 2）代表数组首地址 + 2 单元中的内容。

例如：

```
#include < stdio.h >
void main(){
    char c[ ] = "helloworld";
    char * chr = c;
    printf("%c\n", * (chr + 5)); //输出下标为 5 的元素,即 c[5]
}
```

运行结果如图 7-3 所示。

图7-3　运行结果

操作步骤

1）根据前面的知识，使用字符数组存储学生的姓名，使用循环语句和字符指针查找字符 'e' 并进行修改。

2）编写程序。

```
#include < stdio.h >
void main(){
    char name[ ] = "wangjie";
    char * chr = name;
    for(int i = 0; i < sizeof(name); i ++){
        if( * (chr + i) == 'e'){
            * (chr + i) = 'a';
        }
    }
```

```
for(int i =0;i < sizeof(name);i ++){//利用 sizeof 获取数组长度
    printf("%c",name[i]);
}
printf("\n");
}
```

3）程序运行结果如图 7-4 所示。

图 7-4　运行结果

我来试一试

有两个字符串"hallo"与"hello"，判断两个字符串是否相等。

我来归纳

通过上面的内容，掌握字符数组、字符串及字符指针的使用。字符串存储采用字符数组的形式，并且以一个空字符（'\0'）作为结尾。使用字符指针可以很容易地访问字符串中的元素。

7.4
文本信息好帮手——
字符串输入/输出

○ **教学指导**

　　以学生管理系统中，输入学生信息为例，采用函数 getchar( ) 或者函数 scanf( ) 来获取姓名中的一个字符。利用循环获取姓名的所有字符，大大影响了工作效率，C 语言中提供了字符串的输入/输出函数解决这个问题。

○ **学习要点**

- 字符串的输入
- 字符串的输出

任务描述

　　用户输入学生的姓名后，再将学生的姓名输出。

任务分析

　　定义字符数组用于存储学生的姓名，通过输入函数获取用户输入的姓名，通过输出函数进行输出。

相关知识点

　　1. 字符串的输入

　　字符串的输入可使用函数 scanf( )，%s 代表字符串格式，例如：

```
char name[10];
scanf("% s",name);
```

　　字符串的输入也可使用函数 gets ( )，其定义格式如下：

```
char * gets(char * str)
```

该函数接收一个字符指针变量为参数，调用该函数时，将输入的字符串赋值给该指针变量。读取的字符串会以字符指针的形式返回。例如：

```
char name[10];
gets(name);
```

2. 字符串的输出

字符串的输出可使用函数 printf( )，例如：

```
printf("% s\n","hello");
```

字符串的输出也可使用函数 puts( )，其定义格式如下：

```
int puts(const char * str);
```

该函数用于向控制台输出一整行的字符串。如果调用成功，则返回一个 int 型的值；如果不成功，则返回 EOF。

例如：

```
puts("hello");
```

操作步骤

1）根据前面的任务分析，使用函数 gets( )来输入字符串，使用函数 puts( )输出字符串。

2）编写程序。

```
#include <stdio.h>
void main(){
    char name[20];
    puts("请输入您的姓名");
    gets(name);
    puts("您好");
    puts(name);
}
```

3）程序运行结果如图 7-5 所示。

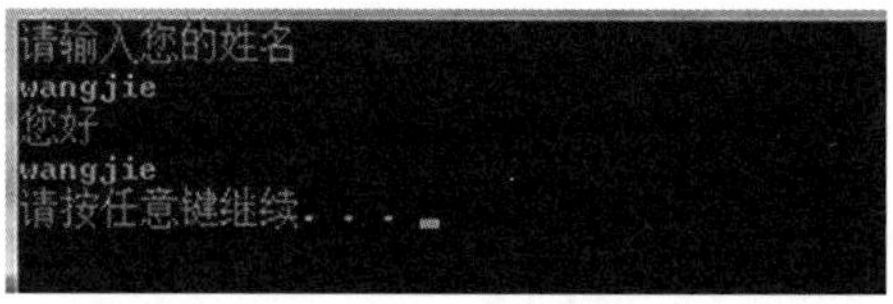

图 7-5　运行结果

我来试一试

获取用户的电话号码，当用户输入电话号码后，将电话号码显示在控制台上。

我来归纳

通过上面的内容，我们学会使用两种方式进行字符串的输入/输出，如果采用函数 gets( ) 与函数 puts( )，都会获得返回值。

7.5
使用库函数——字符串函数

○ **教学指导**

　　在程序中，经常需要对字符串进行查找、替换、比较、统计等工作，使用 C 语言提供的字符串函数可大大提高工作效率。以学生管理系统中对学生信息的统计、修改为例，学习字符串函数的使用。

○ **学习要点**

- 字符串标准库
- 比较函数
- 连接函数
- 查找函数
- 复制函数

┌─────────────┐
│ **任务描述** │
└─────────────┘

　　学生报到时需输入自己的学号及密码，学号为六位数字，默认初始密码为 123，如果学号的长度符合要求且密码正确则允许登录。学号前两位为年级代码，中间两位为班级代码。例如，"180323"代表 18 级 03 班，登录系统后显示其年级及班级信息。

┌─────────────┐
│ **任务分析** │
└─────────────┘

　　1）定义字符数组 sid 存储学号，psw 存储密码，grd 存储年级，cls 存储班级。

　　2）判断学号的长度是否为 6，psw 是否等于 123，若等于则允许登录，否则不允许登录。

　　3）登录系统后，从 sid 中获取前两位及中间两位数字分别存储在年级 grd 及班级 cls 中。

相关知识点

1.字符串标准库

在以前学过的知识中，我们经常使用 stdio. h 文件中的输入/输出函数。另外，C 语言编译器还提供了对字符串的各种操作，其存在于字符串标准库中。

使用字符串标准库中的函数，首先应该在程序开始时声明。

```
#include <string.h>
```

例如，使用字符串标准库中的获取字符串长度的函数 strlen( )：

```
unsigned int strlen(char * s);
```

该函数返回字符指针 s 指向字符串的长度。其不同于函数 sizeof( )，函数 strlen( )返回的是字符串的实际长度，不包括空字符所占空间。例如：

```
#include <stdio.h>
#include <string.h>
void main(){
    char c[10] = "hello";
    printf("strlen = %d\n",strlen(c));
    printf("sizeof = %d\n",sizeof(c));
}
```

运行结果如图 7-6 所示。

图 7-6　运行结果

2.字符串比较函数

字符串标准库提供了两个函数用于字符串的比较，即函数 strcmp( )以及函数 strncmp( )。其定义格式如下：

```
int strcmp(const char * str1,const char * str2);
int strncmp(const char * str1,const char * str2, size_t n);
```

其中函数 strcmp( )用于比较字符串 str1 与 str2 的内容是否完全相同，相同则返回 0，否则返回非零值。

函数 strncmp( )用于比较字符串 str1 与 str2 的前 n 个字符是否完全相同，相同则返回 0，否则返回非零值。如果 n 大于 str1 与 str2 的长度，该函数则相当于函数 strcmp( )。

例如，如下程序可判断前五个字符与前十个字符是否相同。

```
#include <stdio.h>
  #include <string.h>
  void main(){
     char * s1 = "zhangsan";
     char * s2 = "zhangze";
     if(! strncmp(s1,s2,5)){
         puts("str1 与 str2 前五个字符相同 \n");
     }else{
         puts("str1 与 str2 前五个字符不同 \n");
     }
     if(! strncmp(s1,s2,10)){
         puts("str1 与 str2 前十个字符相同 \n");
     }else{
         puts("str1 与 str2 前十个字符不同 \n");
     }
  }
```

运行结果如图7-7所示。

图7-7 运行结果

3. 字符串查找函数

字符串标准库提供了三个函数用于字符串的查找，分别为函数 strchr( )、函数 strrchr( )及函数 strstr( )。其定义格式如下：

```
char * strchr(const char * str , char c);
char * strrchr(const char * str , char c);
char * strstr(const char * str1 ,const char * str2);
```

其中函数 strchr( )用于查找指定字符 c 在字符串 str 中第一次出现的位置，查找成功则返回一个字符指针，指向字符出现的位置，否则返回空指针。

函数 strrchr( )方法用于查找指定字符 c 在字符串 str 中最后一次出现的位置，查找成功则返回一个字符指针，指向字符最后一次出现的位置，否则返回空指针。

函数 strstr( )方法用于查找字符串 str1 是否包含子串 str2，若包含子串则返回子串首字符出现的位置，否则返回空指针。

例如，如下例子通过使用函数 strchr( )去除字符串"abdhelloworld" 中"helloworld" 之前的字符。

```
#include <stdio.h>
#include <string.h>
void main(){
    char * s1 = "abdhelloworld";
    s1 = strchr(s1,'h');
    puts(s1);
}
```

运行结果如图7-8所示。

图7-8 运行结果

4. 字符串连接函数

字符串标准库提供了两个函数用于字符串的连接，分别为函数 strcat( )及函数 strncat( )。其定义格式如下：

```
char * strcat(char *dest, const char * src);
char * strncat(char *dest, const char * src, size_t n);
```

其中函数 strcat( )用于将源字符串 src 连接到目标字符串 dest 上，并且返回指向 dest 字符串的指针。

函数 strncat( )用于将源字符串 src 的前 n 个字符连接到目标字符串 dest 上，并且返回指向 dest 字符串的指针。

例如，如下代码实现了"hello" 字符串与"world" 字符串的连接。

```
#include <stdio.h>
#include <string.h>
void main()
{
    char des[20] = "hello";
    char src[] = "world";
    char * chr = des;
    chr = strcat(chr,src);
    puts(chr);
}
```

运行结果如图7-9所示。

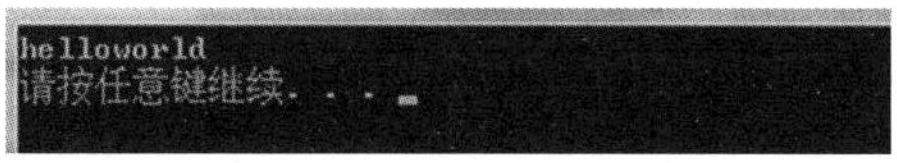

图7-9 运行结果

5. 字符串复制函数

字符串标准库提供了函数 strcpy( ) 用于字符串的复制，其定义格式如下：

```
char * strcpy(char * dest, const char * src);
```

该函数用于将源字符串 src 复制到目标字符串 dest 上，并且可以通过下标法获取 src 的任意位置的字符串并将其复制到 dest 字符串的任意位置。

例如，如下代码可将"abc"字符串复制到"hello"字符串之后。

```c
#include <stdio.h>
#include <string.h>
void main()
{
    char des[10] = "hello";
    char src[] = "abc";
    char * chr = des;
    chr = strcpy(chr +5,src);//将 src 字符串复制到 chr 字符串下标为 5 的字符之后
    puts(des);
}
```

运行结果如图7-10所示。

图7-10 运行结果

操作步骤

1）根据前面的任务分析，利用获取字符串长度函数 strlen( )、比较函数 strcmp( ) 判断学号是否满足要求，密码是否正确。

利用字符串连接函数获得学生的班级信息。

2）编写程序。

```c
#include <stdio.h>
#include <string.h>
void main()
```

```
{   char sid[6];                    //学号
    char psw[6];                    //密码
    char grd[3] = "";               //年级
    char cls[3] = "";               //班级
    char * csid = sid;              //字符指针
    char * cgrd = grd;
    char * ccls = cls;
    puts("请输入您的学号");
    gets(sid);
    puts("请输入您的密码");
    gets(psw);
    if(strlen(sid) ==6&&! strcmp(psw,"123"))
    {
        puts(sid);
        puts("登录成功");
        cgrd = strncat(cgrd,csid +0,2);
        cgrd = strcat(cgrd,"G");
        ccls = strncat(ccls,csid +2,2);
        ccls = strcat(ccls,"C");
        printf("您所在班级%s%s\n",grd,cls);
            }else{
        puts("学号或密码错误");
    }
}
```

3）程序运行结果如图 7-11 所示。

图7-11　运行结果

●··
我来试一试

由用户输入一段信息后，分别统计字符及数字的个数。

●··
我来归纳

通过上面的内容，我们掌握了字符串的比较、连接、查找及复制等函数，通过使用字符串标准库中的函数可以非常方便地完成文本信息的处理。

习　题

编程题

1. 将输入的字符串逆序输出，如将"hello world!"逆序后为"! dlrow olleh"。

2. 将输入的字符串中的小写字母转换为大写字母，如"aBc"转换为"ABC"。

3. 统计输入的字符串中 'e' 字符的个数。

第8篇 结构体与共用体

　　麦子通过对前面内容的学习，已经具备了编写 C 语言程序的能力，现在想制作一张包含学号、姓名、科目成绩等内容的成绩单。

　　麦子：老师，我已经会编写简单的 C 语言程序了，现在想制作一张像 Excel 表格的成绩单，但是学号、姓名、成绩等数据的类型各不相同，利用基本类型和数组不好解决，您能帮帮我吗？

　　老师：麦子，恭喜你已经具备了编写 C 语言程序的能力。你刚才说的问题，其实在实际生活和工作中会经常遇到，我们经常需要处理一些关系密切但类型又不相同的数据。由于前面所学的数据类型都是分散的、相互独立的，因此要想对这些数据进行统一的管理，我们可以利用 C 语言提供的另外两种构造类型——结构体和共用体。

　　麦子：噢，我明白了，那这两种构造类型怎么使用呢？

　　老师：要想使用这两种构造类型，就要清楚这两种构造类型的定义及其变量的初始化和引用方法。

　　麦子：好的，我知道该如何学习下面的内容了，谢谢老师。

　　老师：不用客气。

🦴 **本篇重点**

掌握结构体类型及其变量的定义及初始化

掌握结构体变量的引用

掌握结构体与数组、指针、函数等的结合使用

掌握共用体变量的定义与引用

理解结构体与共用体的内存分配机制

8.1
数据的"封装"——结构体

教学指导

　　现实生活中，经常要处理一些类似学生信息表、成绩单等的数据，这些数据项之间关系密切但数据类型不尽相同，如果分别定义多个变量，就会割裂它们之间的内在联系。在处理时，我们常把这些关系密切但类型不同的数据"封装"起来，在 C 语言中，就称其为结构体。

学习要点

- 结构体类型的定义
- 结构体变量的定义
- 结构体变量的引用方法
- 结构体变量的初始化

任务描述

　　编写程序，输出麦子同学本学期的成绩单。成绩单内容有学号、姓名、每门课程的成绩。假设本学期麦子学习了数学、程序设计、网络三门课。

任务分析

　　要输出成绩单，首先我们要知道成绩单的各项数据是什么，再进行输出。具体步骤如下：

1）确定各数据项的类型，定义变量。

2）给变量赋值。

3）输出成绩单。

相关知识点

1. 结构体类型的定义

结构体是一种构造数据类型，它把不同类型相互联系的数据整合在一起，每一个数据称为该结构体类型的成员。在程序设计中，使用结构体类型时，首先要对结构体类型的组成进行描述。结构体类型定义的一般形式如下：

```
struct 结构体类型名
{
数据类型 成员名1;
数据类型 成员名2;
…
数据类型 成员名n;
};
```

例如，描述一组学生的信息，该信息包括学号、姓名、年龄。可以定义名为 student 的结构体类型。

```
struct student
{
  int num;
  Char sname[30];
  int age;
}s1,s2;
```

在上述语法格式中，struct 是定义结构体类型的关键字，不能省略；结构体类型名必须是合法标识符，在有的情况下可以省略，就变成了无名结构体；大括号中，定义了结构体类型的成员，每个成员由数据类型和成员名共同组成，其中数据类型可以是基本的数据类型，也可以是构造类型。

注意：

①定义完一个结构体类型后，并不意味着分配一块内存单元来存放各个成员数据，它只是告诉编译系统结构体类型是由哪些类型的成员构成的，各占多少个字节，按什么格式存储，并把它们当作一个整体来处理。

②末尾的分号不能省略，表示类型定义结束。

③结构体成员可以同程序中的其他变量同名，二者不会相互混淆，系统会自动识别它。

2. 结构体变量的定义

为了能在程序中使用结构体类型的数据，需要定义结构体类型的变量，并在其中存放具体的数据。定义结构体变量有以下三种方式。

1）先定义结构体类型，再定义结构体变量。

定义好结构体类型，就可以定义结构体变量了，这种方式定义结构体变量的语法格式如下：

```
struct 结构体类型名　结构体变量名;
```

例如：

```
struct student s1,s2;
```

2）在定义结构体类型的同时定义结构体变量。这种方式定义结构体变量的语法格式如下：

```
struct 结构体类型名
{
    数据类型 成员名1;
    数据类型 成员名2;
    …
    数据类型 成员名n;
}结构体变量列表;
```

例如：

```
struct student
{
    int num;
    Char sname[30];
    int age;
}s1,s2;
```

3）直接定义结构体变量。这种方式定义结构体变量的语法格式如下：

```
struct
{
    数据类型 成员名1;
    数据类型 成员名2;
    …
    数据类型 成员名n;
}结构体变量列表;
```

这种定义方式的形式和第二种方式类似，但是没写结构体类型名。

注意：

结构体变量一旦被定义，系统就会为其分配内存空间，结构体变量占的内存空间是各个成员占内存空间的和。

3. 结构体变量的初始化

结构体变量初始化的过程，就是结构体中各个成员初始化的过程。结构体变量初始化的方式有以下两种。

1）在定义结构体类型和结构体变量的同时，对结构体变量进行初始化。例如：

```
struct student
{
    int num;
    Char sname[30];
    int age;
}s1 ={101,"zhang ming",20};
```

2）定义好结构体类型后，对结构体变量进行初始化。例如：

```
struct student
{
    int num;
    Char sname[30];
    int age;
};
struct student s1 ={101,"zhang ming",20};
```

4. 结构体变量的引用

定义并初始化结构体变量的目的是使用结构体变量的成员。引用结构体变量成员的语法格式如下：

结构体变量名 . 成员名；

例如，引用 s1 的 sname 成员：

```
s1.sname;
```

操作步骤

根据前面的任务分析，编写程序。

```
#include <stdio.h>
#include <stdlib.h>
struct student
{
    int num;
    char sname[30];
```

```
    float cj1 ;
    float cj2 ;
    float cj3 ;
};
void main()
{
    printf("成绩单\n");
    printf("学号  姓名  数学  程序设计  网络\n");
    struct student s ={101,"麦子",80,92,76};
    printf("%d %s %0.2f %0.2f   %0.2f\n",s.num,s.sname,s.cj1,s.cj2,s.cj3);
}
```

程序运行结果如图8-1所示。

图8-1 运行结果

我来试一试

制作一个张三和李四同学的成绩表，成绩表包括学号、姓名和语文、英语、数学三门课的成绩。其结果如图8-2所示。

图8-2 成绩表结果

我来归纳

结构体是一种构造数据类型，可以把类型不同但内容相关的数据"封装"在一起；使用时先定义结构体类型，再声明结构体变量；结构体初始化时，可以给全部成员赋值，也可以只给部分成员赋值，给部分成员赋值时，编译器是按成员从前往后匹配的，而不是按数据类型自动去匹配；不能将一个结构体变量作为一个整体进行输入/输出，只能对单个结构体变量成员进行输入/输出、赋值等；结构体变量成员和普通变量一样可以单独使用或参与运算。

8.2

"批量生产"数据——
结构体数组

● 教学指导

一个结构体变量可以存储一组数据，如一个学生的学号、姓名、成绩等。如果有一个班 40 个学生的信息需要存储，按照前面的学习我们就要定义 40 个结构体变量，比较麻烦，这时我们就可以采用结构体数组。

● 学习要点

- 结构体数组的定义
- 结构体数组的引用
- 结构体数组的初始化

任务描述

麦子同学所在的班级一共有 20 个学生，期末考试完后，要制作一张全班学生本学期专业课的成绩表。

任务分析

要制作包含 20 个学生的成绩表，首先要定义用来存储他们的成绩信息的变量，然后从键盘输入这 20 个学生的成绩信息，最后输出 20 个学生的成绩信息。具体步骤如下：

1）确定各数据项的类型，定义变量。

2）给变量赋值。

3）输出成绩表。

相关知识点

1. 结构体数组的定义

定义结构体数组的方法和定义结构体变量的方法类似，也有三种方式。其中数组的成员是结构体类型数据元素。以定义五个学生的信息为例。

1）先定义结构体类型，再定义结构体数组。

定义好结构体类型，就可以定义结构体数组了。例如：

```
struct student
{
  int num;
  char sname[30];
  int age;
};
struct student stu[5];
```

2）在定义结构体类型的同时定义结构体数组。例如：

```
struct student
{
  int num;
  char sname[30];
  int age;
} stu[5];
```

3）直接定义结构体数组。例如：

```
struct
{
  int num;
  char sname[30];
  int age;
} stu[5];
```

2. 结构体数组的初始化

结构体数组的初始化方式与数组类似，都是通过给元素赋值的方式完成的。由于结构体数组中的每个元素都是一个结构体变量，因此在为每个元素赋值的时候，需要将其成员的值依次放到一对大括号中。

可以采用下列两种方式对结构体数组进行初始化。

1）先定义结构体数组类型，然后初始化结构体数组。例如：

```
struct student
{
    int num;
    char sname[30];
    int age;
};
struct student stu[5] = {{101,"Tom",20},
                         {102, "李铭", 21},
                         {103, "Jone", 18},
                         {104, "Kite", 19},
                         {105, "赵梅", 20}
};
```

2）在定义结构体数组的同时，对结构体数组进行初始化。例如：

```
struct student
{
    int num;
    char sname[30];
    int age;
} stu[5] = {{101,"Tom",20},
            {102, "李铭", 21},
            {103, "Jone", 18},
            {104, "Kite", 19},
            {105, "赵梅", 20}
};
```

当然，利用这种方式对结构体数组进行初始化时，可以省略结构体数组的长度。在编译时，系统会自动根据初始化的值决定结构体数组的长度。

3. 结构体数组的引用

结构体数组的引用是指对结构体数组元素的引用，其引用方式与结构体变量类似，语法格式如下：

数组元素名称 . 成员名

例如：

```
stu[0].num;
stu[1].age;
```

操作步骤

1）定义名为 student 的结构体类型。

2）定义长度为 20 的结构体数组 stu。

3）利用循环给结构体数组元素成员赋值，即输入 20 个学生的成绩信息。

4）利用循环输出结构体数组元素成员的值，即输出成绩表。

具体代码如下。

方法一：

```
#include <stdio.h>
#include <stdlib.h>
struct student
{
int num;
char sname[30];
float cj1 ;
float cj2 ;
float cj3 ;
};
void main()
{
int i;
struct student stu[40];
//从键盘输入40个学生的成绩信息
for( i =0;i <40;i ++)
{
scanf("%d %s %f %f %f",&stu[i].num,stu[i].sname,&stu[i].cj1,&stu[i].cj2,
&stu[i].cj3);
}
//输出成绩表的头部
printf("成绩表\n");
printf("学号  姓名  数学  程序设计  网络\n");
//输出40个学生的成绩表
for(i =0;i <40;i ++)
{printf("%d  %s  %0.2f  %0.2f   %0.2f\n",stu[i].num,stu[i].sname,stu
[i].cj1,stu[i].cj2,stu[i].cj3);}
}
```

方法二：

```
#include <stdio.h>
#include <stdlib.h>
struct student
{
int num;
```

```
char sname[30];
float cj[3] ;//把科目成绩定义为数组
};
void main()
{
int i,j;
struct student stu[40];
//从键盘输入 20 个学生的成绩信息
for( i =0;i <40;i ++)
{
scanf("%d %s",&stu[i].num,stu[i].sname);
for(j =0;j <3;j ++)//输入第 i 个同学三门课的成绩
{
scanf("%f",&stu[i].cj[j]);
}
}

//输出成绩表的头部
printf("成绩单 \n");
printf("学号   姓名   数学   程序设计   网络 \n");
//输出 40 个学生的成绩表
for(i =0;i <40;i ++)
{printf("%d  %s  ",stu[i].num,stu[i].sname);
for(j =0;j <3;j ++)//输出第 i 个同学三门课的成绩
{
    printf("  %0.2f  ",stu[i].cj[j]);
}
printf("\n");
}
}
```

我来试一试

　　某班有 20 个学生，每个学生的数据包括学号、姓名和 3 门课的成绩，从键盘输入 20 个学生的数据，求出每个学生的总分并输出成绩表（包括学号、姓名、总分）。

我来归纳

　　结构体数组的定义、初始化和成员引用的方式与结构体变量的定义、初始化和成员引用的方式一样。

知识拓展

1. 结构体指针变量

在使用结构体指针变量之前，首先需要定义结构体指针，结构体指针的定义方式与一般指针类似。将结构体数组的起始地址赋给指针变量，这种指针就是结构体数组指针。

下面的程序将用结构体数组指针遍历结构体数组，并输出其成员的值。

```
struct student
{
  int num;
  char sname[30];
  int age;
};
void main()
{
struct student stu[5] = {{101,"Tom",20}, {102, "李铭", 21},{103, "Jone",18},
{104, "Kite",19},{105, "赵梅",20}};
struct student *p;
printf("学号  姓名  年龄\n");
for (p = stu; p < stu + 5; p++)
{
printf(" %d  %s  %d  %c\n", p->num, p->sname,p->age);
}
}
```

运行结果如图8-3所示。

图8-3 运行结果

2. 结构体变量作为函数参数

结构体变量作为函数参数的用法与普通变量类似，都需要保证调用函数的实参类型和被调用函数的形参类型相同。函数间不仅可以传递一般的结构体变量，还可以传递结构体数组。结构体指针变量用于存放结构体变量的首地址，所以将结构体指针变量作为函数参数传递时，其实就是传递结构体变量的首地址。下面的程序将演示如何用结构体数组指针在函数体内遍历结构体数组并输出其成员的值。

```
struct student
{
  int   num;
  char  sname[30];
  int   age;
};
void show(struct student * stu, int sum)
{
  struct student *p;
  for (p = stu; p < stu + sum; p ++)
{   printf("id: %d, age: %d, name: %s, sex: %c \n",  p - > id, p - > age, p - >
name, p - > sex);  }
}
void main()
{
struct  student stu[5] = {{101,"Tom",20}, {102, "李铭", 21},
{103, "Jone", 18},{104, "Kite", 19},{105, "赵梅", 20}};
printf("学号　姓名　年龄\n");
show(stu, 5);
}
```

8.3
内存共享——共用体

○ **教学指导**

共用体是一种特殊的数据类型，它允许多个成员使用同一块内存空间，因此共用体可以减少程序所占内存空间。

○ **学习要点**

- 共用体类型的定义
- 共用体变量的定义
- 共用体变量成员的引用方法
- 共用体变量的初始化

任务描述

在一个表格中，输出教师和学生的基本信息。

任务分析

要输出教师和学生的基本信息，首先要知道基本信息数据是什么，再进行输出。具体步骤如下：

1）确定基本信息包含的内容。

2）定义变量。

3）给变量赋值。

4）输出信息。

相关知识点

1. 共用体类型的定义

共用体类型的定义与结构体类似，一般语法格式如下：

```
union 共用体类型名
{
    数据类型 成员名 1;
    数据类型 成员名 2;
    …
    数据类型 成员名 n;
};
```

在上述语法格式中，union 是定义共用体类型的关键字；共用体类型名必须是合法的标识符；大括号中，定义了共用体类型的成员，每个成员由数据类型和成员名共同组成。

例如：

```
union data
{int num;
float f;
char ch;};
```

2. 共用体变量的定义

共用体变量的定义和结构体变量的定义类似，也有三种方式。

1）先定义共用体类型，再定义共用体变量。

其语法格式如下：

union 共用体类型名　共用体变量名;

例如：

```
union  data   n1,n2;
```

2）在定义共用体类型的同时定义共用体变量。这种方式定义共用体变量的语法格式如下：

```
union 共用体类型名
{
    数据类型 成员名 1;
    数据类型 成员名 2;
    …
    数据类型 成员名 n;
}共用体变量列表;
```

例如：

```
union data
{
    int num;
    float f;
    char ch;
}s1,s2;
```

3）直接定义共用体变量。这种方式定义共用体变量的语法格式如下：

```
union
{
    数据类型 成员名1；
    数据类型 成员名2；
    …
    数据类型 成员名n；
}共用体变量列表；
```

例如：

```
union
{
    int  num；
    float  f；
    char  ch；
}s1,s2；
```

这种定义方式的形式和第二种方式类似，但是没写共用体类型名。

注意：

共用体的内存分配必须符合如下准则。

①共用体所占的内存空间必须大于或等于其成员变量中最宽数据类型（包括基本数据类型和数组）所占内存空间。

②共用体的内存空间必须是最宽基本数据类型所占内存空间的整数倍。

③共用体变量所占的内存空间，可以通过函数 sizeof( ) 来验证。

3. 共用体变量的初始化

在共用体变量定义的同时，只能对其中一个成员类型值进行初始化，这与它的内存分配是对应的。共用体变量不能同时存放多个成员的值，只能存放其中一个值，即只能存放当前的一个成员的值。其初始化语法格式如下：

union 共用体类型名 共用体变量 = {其中一个成员的类型值}

例如：

```
union data s1 = {10}；
```

4. 共用体变量的引用

如果要引用共用体变量中的某一个成员，其语法格式如下：

共用体变量名 . 成员名；

例如，引用 s1 的 num 成员：

```
s1.num；
```

操作步骤

根据前面的任务分析，编写如下程序。

```
#include <stdio.h>
#include <stdlib.h>
struct pepolinfo{
int num;
char name[10];
char job;
union {
  int class;
  char position[10];
} category;
}person[2];
void main()
{
  int n,i;
  printf("请录入信息");
  for(i=0;i<2;i++)
  {
     scanf("%d %s %c",&person[i].num,person[i].name,&person[i].job);
     if(person[i].job=='s')
     scanf("%d",&person[i].category.class);
     else if(person[i].job=='t')
     scanf("%s",person[i].category.position);
     else
     printf("输入的工作类别有错!!");
  }
  printf("\n---------------------------- \n");
  printf("\n编号  姓名 工作类别 班级/职务 \n");
  for(i=0;i<2;i++)
  {
  printf("% -6d% -10s% -3c",person[i].num,person[i].name,person[i].job);
  if(person[i].job=='s')
    printf("% -6d班\n",person[i].category.class);
  else
    printf("% -6s\n",person[i].category.position);
  }
}
```

运行结果如图 8-4 所示。

图8-4　运行结果

我来归纳

结构体占用的内存空间，是其成员所占内存空间的总和，而共用体占用的内存空间是成员中占用空间最大的元素占用的空间。如果在共用体所占用的内存中已经写入数据，当使用其他元素时，上次使用的内容将被覆盖；也就是说，共用体使几个不同类型的变量共占一段内存空间（相互覆盖），每次只有一个变量能使用。结构体则不然，每个成员都会有存储空间，可以一起用，内部变量间是相互独立的。

习题

一、填空题

1. 在 C 语言中，结构体和共用体都属于_____类型。

2. 定义结构体类型的关键字是_____，定义共用体类型的关键字是_____。

3. 当定义了一个结构体变量时，系统给它分配的内存是_____。

4. 当定义了一个共用体变量时，系统给它分配的内存是_____。

5. 引用结构体变量 stu 中 sname 成员的方式是_____。

二、选择题

1. 共用体变量在程序的执行期间（　　）。

 A. 所有成员一直驻留在内存中　　　　B. 只有一个成员驻留在内存中

 C. 部分成员驻留在内存中　　　　　　D. 没有成员驻留在内存中

2. 设有如下定义：

```
struct sk {
int a;
float b;}data,*p;
```

 若有 p = &data;，则对 data 中的 a 成员的引用正确的是（　　）。

 A. (* p). data. a　　　　　　　　B. (* p). a

 C. p – > data. a　　　　　　　　D. p. data. a

3. 已知学生记录描述为：

```
struct student {
int no;
char name[20];
char sex;
struct {
int day;
int month;
int year;} birth; };
struct student w;
```

假设变量 w 中的"生日"应是 1999 年 10 月 25 日，下列对"生日"的正确赋值方式是（　　）。

A. day = 25; month = 10; year = 1999;

B. w. day = 25 w. month = 10; w. year = 1999;

C. w. birth. day = 25; w. birth. month = 10; w. birth. year = 1999;

D. birth. day = 25; birth. month = 10; birth. year = 1999;

4. 有如下定义：

```
struct person
{ char name[9];
int age;
}class[4]={"Johu",17,"Paul",19,
"Mary",18,  "Adam",16};
```

根据以上定义，能输出字母 M 的语句是（　　）。

A. printf("%c\ n",class[3]. name);

B. printf("%c\ n",class[3]. name[1]);

C. printf("%c\ n",class[2]. name[1]);

D. printf("%c\ n",class[2]. name[0]);

5. 若有以下说明和定义语句，则变量 w 在内存中所占的字节数是（　　）

```
union aa {
float  x;
float  y;
char  c[6];};
struct st{
union  aa v;
float  w[5];
double  ave;}w;
```

A. 42　　　　　　B. 34　　　　　　C. 30　　　　　　D. 26

三、编程题

1. 一个班有30个学生，每个学生的数据包括学号、姓名、性别及2门课的成绩，现从键盘上输入这些数据，并且要求：

(1) 输出每个学生2门课的平均分。

(2) 输出每门课的全班平均分。

2. 有 N 个候选人，每个选民只能投一票，要求编写一个模拟 10 个选民进行投票的程序，先后输入被选人的名字，最后按照选票数量由多到少输出投票结果。

第9篇 文件

麦子通过对前面内容的学习，已经具备了编写 C 语言程序的能力，但是每次程序的运行结果只是一个弹出窗口，不能保存结果。有没有一种办法，将程序运行的结果存放到磁盘上呢？

麦子：老师，我已经会编写 C 语言程序了，现在想编写一个简单的管理系统，对学生信息进行管理，但是怎么能把学生信息保存到磁盘上呢？

老师：麦子，恭喜你已经具备了编写 C 语言程序的能力。你遇到的问题也是很多同学很想了解的内容，利用 C 语言编写管理系统，可将输入的信息以文件的形式保存到磁盘上，这里的文件就是指二进制文件和文本文件。

麦子：噢，我明白了，那这两种文件如何使用呢？

老师：要想掌握这两种文件的使用方法，首先要清楚这两种文件的特点及操作方式，这样才能有针对性地使用这两种文件存储信息。

麦子：哦，我知道该如何学习下面的内容了，谢谢老师。

老师：不用客气。

本篇重点

了解文件的概念

掌握文本文件的打开与关闭方法

掌握文本文件的读/写操作

掌握二进制文件的打开与关闭方法

掌握二进制文件的读/写操作

9.1

基于字符编码 —— 文本文件

◯ 教学指导

　　通过对文件的写入操作，我们可以将从键盘输入的内容存入文件中；反之，也可以通过对文件的读出操作，将文件中的内容输出到显示器。具体如何操作，下面将做详细介绍。

◯ 学习要点

- 文件的概念
- 文本文件、二进制文件
- 文件指针及位置指针的概念
- 文件缓冲区
- 文件的打开与关闭
- 文本文件的读/写操作

任务描述

　　编写一个程序实现从键盘输入一个学生信息（201701002，赵明，信息学院，计算机专业），然后将其保存在 E：\student.txt 文件中。

任务分析

　　要存储学生信息，先在计算机上的 E 盘根目录下建立一个 student.txt 文件，然后从键盘输入学生信息，并将其保存到 student.txt 文件中。具体步骤如下：

- 定义文件指针和一个字符数组，将学生信息存入字符数组中
- 文件指针以写入方式打开文件 student.txt
- 若打开文件失败，提示打开错误信息，并结束程序运行
- 若打开成功，使用函数 fputs( )将字符数组中的学号、姓名、学院名称、专业等信息写入文件 student.txt
- 关闭文件

1. 文件

文件是数据的组织形式，是某种保存信息的数据结构。在 C 语言中，文件有文本文件、二进制文件两种形式。

1）文本文件。

文本文件是一种计算机存储信息的文件格式。文本文件中的信息是以字符方式呈现的，如英文字母、数字、中文字符、其他字符等。存储时，中文字符存储的是机内码，英文字母、数字、其他字符等存储的是字符对应的 ASCII 码。在程序中对文本文件进行操作时，可以使用字节流或字符流对其进行读取或写入。

2）二进制文件。

二进制文件是基于值编码的文件。文件中的数据是以二进制形式存储的，这种文件形式节省了存储空间，提高了转换时间；但一个字节不对应一个字符，不能直接输出字符形式。如果希望加载文件和生成文件的速度较快，且生成的文件较小，可选用二进制文件保存信息。

例如，整数 1000 采用不同的文件形式存放形式如下：

1）如果采用文本文件存放，则存放形式如图 9 – 1 所示。

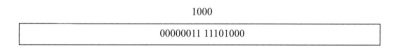

'1'(49)	'0'(48)	'0'(48)	'0'(48)
00110001	00110000	00110000	00110000

图 9-1　整数 1000 的文本文件存放形式

2）如果采用二进制文件存放，则存放形式如图 9 – 2 所示。

1000
00000011 11101000

图 9-2　整数 1000 的二进制文件存放形式

2. 文件指针

在 C 语言中，对文件的操作都是通过文件指针来进行的。要对文件进行读/写操作，就要定义文件指针，通过指针来操作相应的文件。定义文件指针的语法格式如下：

```
FILE * fp;
```

其中，fp 为自定义的指针变量名，且这个指针变量为 FILE 类型。需要注意的是，此时定义的 fp 指针变量还未与文件建立联系，使用函数 fopen( ) 可以使 fp 指针变量与需要操作的文件建立联系。

一个 FILE 类型的指针变量只能指向一个文件，也就是只能和一个文件建立联系，如果需要操作多个文件，则需要定义多个 FILE 类型的指针变量。

3. 文件位置指针

为了对文件读/写进行控制，系统为每个需要操作的文件设置了一个位置指针，用来标识当前文件的读写位置。

在对存放字符的文件进行读取时，文件的位置指针指向文件开头。当对文件进行读取操作时，首先读取第一个字符，然后位置指针向后移动一个位置，读取对应位置的字符，依次进行，直到读取到文件结束，如图 9-3 所示。

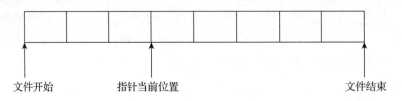

文件开始   指针当前位置   文件结束

图 9-3 文件位置指针

文件的定位和随机读/写可以通过位置指针来完成。随机读/写是指根据读/写需要随时将位置指针定位到需要读写的位置。与位置指针相关的三个函数如下。

1）函数 rewind( )。

语法格式:`rewind(FILE * fp)`

该函数的作用是让位置指针指向文件的开始位置。该函数无返回值。

2）函数 fseek( )。

语法格式:`int fseek(FILE *fp,long offset,int origin)`

其中，fp 为文件指针；offset 为根据 origin 参数确定的偏移方式位置的偏移量；origin 是指偏移的方式。origin 有以下三种偏移方式：

①SEEK_SET：表示从文件开头开始偏移，取值为 0；

②SEEK_CUR：表示从当前位置开始偏移，取值为 1；

③SEEK_END：表示从文件末尾开始偏移，取值为 2；

该函数一般用于二进制文件的读/写。若执行成功，则返回 0；若执行失败，则返回 -1。

3）函数 ftell( )。

语法格式:`ftell(FILE * fp)`

该函数的作用是获取位置指针的当前位置。若执行成功，则返回文件位置指针的当前位置；若执行失败，则返回 -1。

4）文件随机读/写的应用。

随机读取文本文件 sj. txt 中的内容。

①读取前文件的内容如图 9−4 所示。

图 9−4　sj. txt 文件的内容

②程序代码如下：

```
#include <stdio.h>
#include <stdlib.h>
void main()
{
  FILE * fp;
  char b[128];
  fp = fopen("f:\\sj.txt","r");                //打开 f:\sj.txt
if(fp == NULL)                                  //文件打开失败,提示错误
  {
  printf("打开文件出错!");
  exit(0);
  }
  fseek(fp,3,SEEK_SET);                         //从文件开头偏移 3 位
  fread(b,sizeof(unsigned char),10,fp);         //从当前位置偏移 10 位
  printf("读取的内容是:%s \n",b);               //输出截取的文件内容
  fclose(fp);
}
```

③程序运行结果如图 9−5 所示。

图 9−5　运行结果

4. 文件缓冲区

文件缓冲区是指系统在内存中分配一个空间供程序使用。当程序向文件读/写数据时，数据需先经过缓冲区，也就是在程序和文件之间有一个空间作为数据的临时存放之处。具体的存取过程可参考图 9−6。

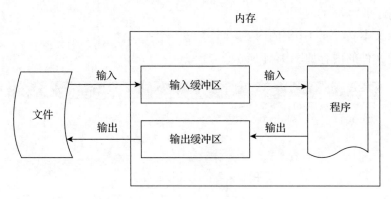

图9-6　文件缓冲区存取数据示意图

5. 文件的打开与关闭

1）文件的打开。

文件在使用前需要执行打开操作，在 C 语言中，系统提供了一个函数 fopen( )，该函数用来打开文件。该函数的返回值为文件指针类型。其语法格式如下：

```
fopen(char * filename,char * mode)
```

上面的格式中，"filename" 为文件名或文件的绝对路径；"mode" 为文件的打开方式。文件的打开方式见表9-1。

表9-1　文件的打开方式

文件类型	打开方式	打开方式说明	指定文件不存在时	指定文件存在时
文本文件	r	只读	出错	打开
	w	只写	新建一个文件	覆盖原文件内容
	a	追加	新建一个文件	在文件尾追加内容
	r +	读写	出错	打开
	w +	读写	新建一个文件	覆盖原文件内容
	a +	读写	新建一个文件	在文件尾追加内容
二进制文件	rb	只读	出错	打开
	wb	只写	新建一个文件	覆盖原文件内容
	ab	追加	新建一个文件	在文件尾追加内容
	rb +	读写	出错	打开
	wb +	读写	新建一个文件	覆盖原文件内容
	ab +	读写	新建一个文件	在文件尾追加内容

2）文件的关闭。

C 语言使用函数 fclose（）关闭文件。关闭文件后指向该文件的指针变量与文件不再关联。函数 fclose（）的语法格式如下：

```
fclose(FILE * fp);
```

如果文件成功关闭，则函数返回值为 0；如果关闭失败，则返回 EOF（-1）。

6. 文本文件的读/写

文本文件的读/写也是由系统提供的几个函数来完成的。

1）文本文件的读操作。

```
fgetc(FILE * fp)
```

该函数的作用是从"fp"指向的文件中读出一个字符。若读取成功，则返回所读的字符；否则，返回 EOF。

```
fgets(char * buf,int n,FILE * fp)
```

该函数的作用是从文件指针"fp"所指向的文件中读出长度为 n-1 的字符串存入 buf 里。若读取成功，则返回 buf；否则，返回 NULL。

2）文本文件的写操作。

```
fputc(char ch,FILE * fp)
```

该函数的作用是将一个字符 ch 写入 fp 指向的文件中。若写成功，则写入文件，返回该字符对应的 ASCII 码；否则，返回 EOF。

```
fputs(char * str,FILE * fp)
```

该函数的作用是将字符串 str 写入 fp 指向的文件中。若写成功，则将字符串写入文件，返回非负整数；否则，返回 EOF。

操作步骤

1）根据前面的任务分析，编写程序。

```c
#include <stdio.h>
#include <stdlib.h>
void main()
{
    FILE * fp;
    char c[50] = "201701002,赵明,信息学院,计算机专业";
```

```
    fp = fopen("e:\\student.txt","w");      //以写入方式打开 student.txt
    if(fp == NULL)                          //如果打开文件失败,提示错误
    {
        printf("无法打开 student.txt");
        exit(0);
    }
    fputs(c,fp);                            //将数组内容写入文件
    fclose(fp);
    printf("写入成功! \n");
}
```

2）程序运行结果如图 9-7 所示。

图 9-7　运行结果

我来试一试

输入一个字符串"欢迎学习 C 语言程序设计"，将字符串内容写入 1. txt 文件中。

我来归纳

在 C 语言中，要对文件进行操作，首先要定义文件类型的指针变量，使该指针变量和文件建立关联。然后使用函数 fopen( ) 以某种打开方式打开文件，之后就可以对文件进行读/写操作了。操作完成后要记得使用函数 fclose( ) 关闭文件。

9.2
基于值编码——二进制文件

○ **教学指导**

　　前面我们已经对文本文件的打开、读写、关闭等操作进行了说明，下面将对二进制文件的操作进行详细讲解。

○ **学习要点**

- 二进制文件的读/写操作

● ··
　任务描述

　　编写一个程序，实现从键盘输入 2 个学生的成绩信息（学号、姓名和语文、英语、数学三门课的成绩），然后将其保存在 E：\student. txt 文件中。

● ··
　任务分析

　　要存储 2 个学生的成绩信息，则要在 E 盘根目录下建立一个 student. txt 文件，然后从键盘输入 2 个学生的成绩信息，并将其保存到 student. txt 文件中。具体步骤如下：

　　1）定义学生成绩结构体类型 score。

　　2）定义结构体，数组 S_score[2]，用来存放 2 个学生的成绩信息。

　　3）定义文件指针 fp。

　　4）定义 int 型变量 i 作为循环变量。

　　5）以写二进制文件方式打开文件 student. txt。

　　6）若打开文件失败，则输出错误信息并结束程序。

　　7）从键盘逐个输入 2 个学生的成绩信息并写入文件中。

　　8）关闭文件。

相关知识点

1. 二进制文件的读操作

函数 fread( )用于以二进制的形式读取文件，其语法格式如下：

```
fread(void * buf,unsigned int size,unsigned int count,FILE * fp)
```

上面的格式中，buf 表示接收数据的地址，size 表示接收数据块的字节数，count 表示数据块的个数，fp 表示指向文件的指针变量。

2. 二进制文件的写操作

函数 fwrite( )用于以二进制的形式将数据写入文件，其语法格式如下：

```
fwrite(const void * str,unsigned int size,unsigned int count,FILE * fp);
```

上面的格式中，str 表示写入数据的地址，size 表示写入数据块的字节数，count 表示数据块的个数，fp 表示指向文件的指针变量。

操作步骤

根据前面的任务分析，编写程序，向 E：\student. txt 文件中写入 2 个学生的成绩信息：
(2001，张三，86，87，89) (2002，李四，84，98，90)。具体代码如下：

```c
#include <stdio.h>
#include <stdlib.h>
void main()
{
    struct score                    //定义结构体
    {
        char sno[9];
        char name[20];
        int yw;
        int yy;
        int sx;
    };
    struct score S_score[2];
    FILE * fp;
    int i;
    fp = fopen("E:\\student.txt","wb");    //以写方式打开 student.txt 文件
    if(fp == NULL)                         //若文件打开失败,提示错误
    {
        printf("con't open file \n");
        exit(0);
```

```
    }
        printf("请输入你的学号、姓名、语文成绩、英语成绩、数学成绩:\n");
    for(i = 0;i < 2;i ++)                    //循环输入 2 个学生的信息
    {
            scanf("%s%s%d%d%d",&S_score[i].sno,&S_score[i].name,&S_score
        [i].yw,&S_score[i].yy,&S_score[i].sx);
        printf("\n");
    }
    for(i = 0;i < 2;i ++)                    //向 student.txt 文件中写入学生的信息
    {
        fwrite(&S_score[i],sizeof(struct score),1,fp);
    }
    fclose(fp);
}
```

我来试一试

使用函数 fread( )将上面 student.txt 文件中的内容读出，具体代码如下：

```
#include < stdio.h >
#include < stdlib.h >
void main( )
{
    struct score                            //定义结构体
    {
        char sno[9];
        char name[20];
        int yw;
        int yy;
        int sx;
    };
    struct score S_score[2];
    FILE * fp;
    int i;
    fp = fopen("E:\\student.txt","rb");      //以只读方式打开 student.txt 文件
    if(fp == NULL)                           //若文件打开失败,提示错误
    {
        printf("con't open file \n");
        exit(0);
    }
    for(i = 0;i < 2;i ++)                     //从 student.txt 文件中读取学生
信息
    {
```

```
    fread(&S_score[i],sizeof(struct score),1,fp);
    }
    fclose(fp);
    printf("学号\t姓名\t语文\t英语\t数学\n");
    for(i=0;i<2;i++)        //循环输出2个学生的成绩
    {
        printf("%4s\t%4s\t%4d\t%4d\t% 4d\t\n",S_score[i].sno,S_score[i].
        name,S_score[i].yw,S_score[i].yy,S_score[i].sx);
    }
}
```

程序运行结果如图9-8所示。

图9-8　运行结果

在 C 语言中，二进制文件的读/写操作分别使用函数 fread( )和函数 fwrite( )来完成。

习 题

一、填空题

1. C 语言中，根据存储方式来分，文件可分为＿＿＿＿＿＿ 文件和＿＿＿＿＿＿文件。

2. FILE ∗fp 表示 fp 是一个＿＿＿＿＿＿ 类型的指针变量。

3. 在 C 语言中，用于打开文件的函数为＿＿＿＿，用于关闭文件的函数为＿＿＿＿＿。

4. 使用函数 fputc( )可以向文本文件写入＿＿＿＿＿＿＿＿；使用函数 fputs( )可以向文本文件写入＿＿＿＿＿ ；使用函数 fgetc( )可以从文本文件读出＿＿＿＿＿；使用函数 fgets( )可以从文本文件读出＿＿＿＿＿＿；（可选：单个字符、字符串）

5. 二进制文件数据的读出函数为＿＿＿＿＿ ，写入函数为＿＿＿＿＿＿＿。

二、简答题

1. 请简述文本文件和二进制文件的区别。

2. 请简述如何对文件进行打开和关闭操作。

3. 请简述文件指针和文件位置指针的区别。

三、编程题

请编写程序，实现将一个文件的内容复制到另一个文件中。

第 10 篇　综合项目
——学生成绩管理系统

本篇重点

掌握 C 语言编程和程序调试的基本技能

利用 C 语言进行基本的软件设计

掌握书写程序设计说明文档的能力

提高运用 C 语言解决实际问题的能力

10.1
项目分析

因学校中学生信息庞大、复杂，为了方便教师们管理学生的信息，需编写一个学生成绩管理系统。

10.1.1 项目要求

学生成绩信息包括学号、姓名和语文、数学、英语三门课的成绩及平均成绩。

- 系统以菜单方式工作。在不同的界面会给出具体的提示。
- 系统利用 C 语言实现，源程序要有适当的注释。
- 采用 C – free 环境进行运行调试。

10.1.2 项目功能

拟开发一个具有如下功能的学生成绩管理系统：

- 添加学生信息，包括学号、姓名及三门课的成绩；
- 显示学生信息，将所有学生信息输出；
- 修改学生信息，可以根据学号或姓名查找到学生，然后修改学生的信息；
- 删除学生信息，根据学号查找到学生，将其信息删除；
- 查找学生信息，根据学号或姓名查找学生信息；
- 按学生的平均成绩进行排序。

10.1.3 项目分析

因为学生信息包括学号、姓名和成绩等不同数据类型的属性，所以需要定义一个学生类型的结构体。在存储学生信息时，可选用数组或链表，考虑到学生要根据平均成绩来排序，我们选用数组来存储学生信息。

10.2
项目设计与实现

10.2.1 总体设计

本程序主要分为七个模块（见图 10-1）：主模块、输入模块、显示模块、修改模块、删除模块、查询模块、排序模块。

主模块：建立一个结构体模块，用于存储信息。输入模块：从键盘输入每个学生的信息，并保存在文件中。显示模块：显示全部学生的具体信息。修改模块：修改某个学生的成绩信息。删除模块：删除某个学生的全部信息。查询模块：查询某个学生的具体信息。排序模块：通过功能选择，按学生的平均分从高到低排序。

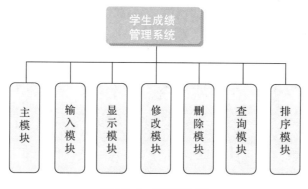

图 10-1 系统模块图

10.2.2 功能函数实现

1. 主模块

```c
void main()
{
    int choice;
    IO_ReadInfo();
    while(1)
    {
        /*主菜单*/
        printf("\n------ 学生成绩管理系统 ------ \n");
```

```c
        printf("1.增加学生记录\n");
        printf("2.修改学生记录\n");
        printf("3.删除学生记录\n");
        printf("4.按姓名查询学生记录\n");
        printf("5.按平均成绩排序\n");
        printf("6.退出\n");
        printf("请选择(1-6):");
        scanf("%d",&choice);
        getchar();
        switch(choice)
        {
        case 1:
            Student_Insert();
            break;
        case 2:
            Student_Modify();
            break;
        case 3:
            Student_Delete();
            break;
        case 4:
            Student_Select();
            break;
        case 5:
            Student_SortByAverage();
            Student_Display();
            break;
        case 6:
            exit(0);
            break;
        }
        IO_WriteInfo();
    }
}
```

2. 输入模块 (添加学生)

```c
/*插入学生信息*/
void Student_Insert()
{
    while(1)
    {
```

```
        printf("请输入学号:");
        scanf("%s",&students[num].ID);
        getchar();

        printf("请输入姓名:");
        scanf("%s",&students[num].Name);
        getchar();

        printf("请输入语文成绩:");
        scanf("%f",&students[num].Mark1);
        getchar();

        printf("请输入数学成绩:");
        scanf("%f",&students[num].Mark2);
        getchar();

        printf("请输入英语成绩:");
        scanf("%f",&students[num].Mark3);
        getchar();

        students[num].Average = Avg(students[num]);
        num ++ ;

        printf("是否继续? (y/n)");
        if (getchar() == 'n')
        {
            break;
        }
    }
}
```

3. 显示模块

```
/* 显示学生信息 */
void Student_Display()
{
    int i;
    printf("% 10s% 10s% 8s% 8s% 8s% 10s \n","学号","姓名","语文","数学","英语","平均成绩");
    printf(" ------------------------------------------------------ \n");
    for (i = 0;i < num;i ++ )
    {
```

```
        printf("%10s%10s%8.2f%8.2f%8.2f%10.2f\n",students[i].ID,students
        [i].Name,
            students[i].Mark1,students[i].Mark2,students[i].Mark3,students
            [i].Average);
    }
}

/*显示单个学生信息*/
void Student_DisplaySingle(int index)
{
    printf("%10s%10s%8s%8s%8s%10s\n","学号","姓名","语文","数学","英语","
平均成绩");
    printf("--------------------------------------------------------\n");
    printf("%10s%10s%8.2f%8.2f%8.2f%10.2f\n",students[index].ID,students
    [index].Name,
    students[index].Mark1,students[index].Mark2,students[index].Mark3,
    students[index].Average);
}
```

4. 修改模块

```
/*修改学生信息*/
void Student_Modify()
{
    //float mark1,mark2,mark3;
    while(1)
    {
        char id[20];
        int index;
        printf("请输入要修改的学生的学号:");
        scanf("%s",&id);
        getchar();
        index=Student_SearchByIndex(id);
        if(index==-1)
        {
            printf("学生不存在!\n");
        }
        else
        {
            printf("你要修改的学生信息为:\n");
            Student_DisplaySingle(index);
            printf("-- 请输入新值 --\n");
```

```
            printf("请输入学号:");
            scanf("%s",&students[index].ID);
            getchar();
            printf("请输入姓名:");
            scanf("%s",&students[index].Name);
            getchar();
            printf("请输入语文成绩:");
            scanf("%f",&students[index].Mark1);
            getchar();
            printf("请输入数学成绩:");
            scanf("%f",&students[index].Mark2);
            getchar();
            printf("请输入英语成绩:");
            scanf("%f",&students[index].Mark3);
            getchar();
            students[index].Average = Avg(students[index]);
        }

        printf("是否继续?(y/n)");
        if (getchar() =='n')
        {
            break;
        }
    }
}
```

5. 删除模块

```
/*删除学生信息*/
void Student_Delete()
{
    int i;
    while(1)
    {
        char id[20];
        int index;
        printf("请输入要删除的学生的学号:");
        scanf("%s",&id);
        getchar();
        index = Student_SearchByIndex(id);
        if (index == -1)
        {
```

```
            printf("学生不存在! \n");
        }
        else
        {
            printf("你要删除的学生信息为:\n");
            Student_DisplaySingle(index);
            printf("是否真的要删除? (y/n)");
            if (getchar() =='y')
            {
                for (i = index;i < num -1;i ++)
                {
                    students[i] = students[i +1];//把后边的对象都向前移动
                }
                num -- ;
            }
            getchar();
        }
        printf("是否继续? (y/n)");
        if (getchar() =='n')
        {
            break;
        }
    }
}
```

6. 查询模块

```
/*按姓名查询 */
void Student_Select()
{
    while(1)
    {
        char name[20];
        int index;
        printf("请输入要查询的学生的姓名:");
        scanf("%s",&name);
        getchar();
        index = Student_SearchByName(name);
        if (index == -1)
        {
```

```
            printf("学生不存在! \n");
        }
        else
        {
            printf("你要查询的学生信息为: \n");
            Student_DisplaySingle(index);
        }
        printf("是否继续? (y/n)");
        if (getchar() == 'n')
        {
            break;
        }
    }
}
```

7. 排序模块

```
void Student_SortByAverage()
{
    int i,j;
    struct Student tmp;
    for (i = 0;i < num;i ++)
    {
        for (j = 1;j < num - i;j ++)
        {
            if (students[j -1].Average < students[j].Average)
            {
                tmp = students[j -1];
                students[j -1] = students[j];
                students[j] = tmp;
            }
        }
    }
}
```

10.2.3　定义说明

1. 定义学生结构体

```
struct Student
{
    char ID[20];
```

```
    char Name[20];
    float Mark1;
    float Mark2;
    float Mark3;
    float Average;
};
```

2. 求平均分

```
float Avg(struct Student stu)
{
    return (stu.Mark1 + stu.Mark2 + stu.Mark3)/3;
}
```

10.3
项目总结

在实际生活中，会遇到很多需要用系统解决的问题，我们要善于利用学到的知识解决问题。开发一个多模块多文件的 C 语言程序时，首先要将一个项目合理地拆分成若干个模块；然后分别设计每个模块，将每个模块的声明和定义分开，放置在头文件和源文件中；最后在一个函数 main( )的源文件中将它们的头文件和源文件包含进来，并利用函数 main( )将所有的模块联系起来。

附 录

代码	字符	含义	代码	字符	含义	代码	字符	含义
0	NUL	空字符	20	DC4	设备控制4	40	(	开括号
1	SOH	标题开始	21	NAK	拒绝接收	41	)	闭括号
2	STX	正文开始	22	SYN	同步空闲	42	*	星号
3	ETX	正文结束	23	ETB	结束传输块	43	+	加号
4	EOT	传输结束	24	CAN	取消	44	,	逗号
5	ENQ	请求	25	EM	媒介结束	45	-	减号/破折号
6	ACK	收到通知	26	SUB	代替	46	.	句号
7	BEL	响铃	27	ESC	换码（溢出）	47	/	斜杠
8	BS	退格	28	FS	文件分隔符	48	0	数字0
9	HT	水平制表符	29	GS	分组符	49	1	数字1
10	LF	换行键	30	RS	记录分隔符	50	2	数字2
11	VT	垂直制表符	31	US	单元分隔符	51	3	数字3
12	FF	换页键	32	(space)	空格	60	<	小于号
13	CR	回车键	33	!	叹号	61	=	等号
14	SO	不用切换	34	"	双引号	62	>	大于号
15	SI	启用切换	35	#	井号	63	?	问号
16	DLE	数据链路转义	36	$	美元符	64	@	Email
17	DC1	设备控制1	37	%	百分号	65	A	A
18	DC2	设备控制2	38	&	和号	66	B	B
19	DC3	设备控制3	39	'	闭单引号	67	C	C

（续）

代码	字符	含义	代码	字符	含义	代码	字符	含义
68	D	D	88	X	X	108	l	l
69	E	E	89	Y	Y	109	m	m
70	F	F	90	Z	Z	110	n	n
71	G	G	91	[	开方括号	111	o	o
72	H	H	92	\	反斜杠	112	p	p
73	I	I	93	]	闭方括号	113	q	q
74	J	J	94	^	脱字符	114	r	r
75	K	K	95	_	下画线	115	s	s
76	L	L	96	`	开单引号	116	t	t
77	M	M	97	a	a	117	u	u
78	N	N	98	b	b	118	v	v
79	O	O	99	c	c	119	w	w
80	P	P	100	d	d	120	x	x
81	Q	Q	101	e	e	121	y	y
82	R	R	102	f	f	122	z	z
83	S	S	103	g	g	123	{	开花括号
84	T	T	104	h	h	124			垂线
85	U	U	105	i	i	125	}	闭花括号
86	V	V	106	j	j	126	~	波浪号
87	W	W	107	k	k	127	DEL	删除

附录 B　运算符的优先级和结合性

优先级	运算符	名称或含义	使用形式	结合方向	说明
1	[]	数组下标	数组名 [常量表达式]	左到右	
	()	圆括号	（表达式） /函数名 (形参表)		
	.	成员选择 （对象）	对象. 成员名		
	->	成员选择 （指针）	对象指针 ->成员名		
2	–	负号运算符	– 表达式	右到左	单目运算符
	(类型)	强制类型转换	(数据类型) 表达式		
	++	自增运算符	++ 变量名/变量名 ++		单目运算符
	--	自减运算符	-- 变量名/变量名 --		单目运算符
	*	取值运算符	* 指针变量		单目运算符
	&	取地址运算符	& 变量名		单目运算符
	!	逻辑非运算符	! 表达式		单目运算符

(续)

优先级	运算符	名称或含义	使用形式	结合方向	说明
2	~	按位取反运算符	~表达式		单目运算符
	sizeof	长度运算符	sizeof (表达式)		
3	/	除	表达式/表达式	左到右	双目运算符
	*	乘	表达式*表达式		双目运算符
	%	余数 （取模）	整型表达式/整型表达式		双目运算符
4	+	加	表达式 +表达式	左到右	双目运算符
	–	减	表达式 – 表达式		双目运算符
5	<<	左移	变量 <<表达式	左到右	双目运算符
	>>	右移	变量 >>表达式		双目运算符
6	>	大于	表达式 >表达式	左到右	双目运算符
	>=	大于等于	表达式 >=表达式		双目运算符
	<	小于	表达式 <表达式		双目运算符
	<=	小于等于	表达式 <=表达式		双目运算符
7	==	等于	表达式 ==表达式	左到右	双目运算符
	! =	不等于	表达式! =表达式		双目运算符
8	&	按位与	表达式 & 表达式	左到右	双目运算符
9	^	按位异或	表达式^表达式	左到右	双目运算符
10	|	按位或	表达式 | 表达式	左到右	双目运算符
11	&&	逻辑与	表达式 && 表达式	左到右	双目运算符
12	||	逻辑或	表达式 || 表达式	左到右	双目运算符
13	?:	条件运算符	表达式 1? 表达式 2: 表达式 3	右到左	三目运算符
14	=	赋值运算符	变量 =表达式	右到左	
	/ =	除后赋值	变量/ =表达式		
	* =	乘后赋值	变量* =表达式		
	%=	取模后赋值	变量%=表达式		
	+=	加后赋值	变量 +=表达式		
	–=	减后赋值	变量 –=表达式		
	<<=	左移后赋值	变量 <<=表达式		
	>>=	右移后赋值	变量 >>=表达式		
	& =	按位与后赋值	变量 & =表达式		
	^ =	按位异或后赋值	变量^ =表达式		
	| =	按位或后赋值	变量 | =表达式		
15	,	逗号运算符	表达式, 表达式, …	左到右	从左向右顺序

附录 C　常用 ANSI C 标准库函数

1. 数学函数（包含在 math. h 中）

函数名	函数原型	功　能	返回值
acos	double acos (double x)	计算 arccosx 的值，其中 – 1 <= x <= 1	计算结果
asin	double asin (double x)	计算 arcsinx 的值，其中 – 1 <= x <= 1	计算结果
atan	double atan (double x)	计算 arctanx 的值	计算结果
atan2	double atan2 (double x, double y)	计算 arctanx/y 的值	计算结果
cos	double cos (double x)	计算 cosx 的值，x 的单位为弧度	计算结果
cosh	double cosh (double x)	计算 x 的双曲余弦 cosh x 的值	计算结果
exp	double exp (double x)	计算 e^x 的值	计算结果
fabs	double fabs (double x)	计算 x 的绝对值	计算结果
floor	double floor (double x)	求出不大于 x 的最大整数	该整数的双精度实数
fmod	double fmod (double x, double y)	求 x/y 的余数	余数双精度实数
frexp	double frexp (double val, int* eptr)	把双精度数 val 分解成数字部分（尾数）和以 2 为底的指数，即 val = x* 2^n, n 存放在 eptr 指向的变量中	数字部分 x, 0.5 < = x < 1
log	double log (double x)	求 lnx 的值	计算结果
log10	double log10 (double x)	求 x 的常用对数（基数为 10 的对数）	计算结果
modf	double modf (double val, int* iptr)	把双精度数 val 分解成数字部分和小数部分，把整数部分存放在 iptr 指向的变量中	val 的小数部分
pow	double pow (double x, double y)	求 x^y 的值	计算结果

(续)

函数名	函数原型	功　能	返回值
sin	double sin（double x）	计算 sinx 的值，其中 x 的单位为弧度	计算结果
sinh	double sinh（double x）	计算 x 的双曲正弦函数 sinh x 的值	计算结果
sqrt	double sqrt（double x）	计算 $x^{1/2}$，x > =0	计算结果
tan	double tan（double x）	计算 tanx 的值，x 的单位为弧度	计算结果
tanh	double tanh（double x）	计算 x 的双曲正切函数 tanh x 的值	计算结果

2. 字符函数（包含在"ctype. h"中）

函数名	函数原型	功　能	返回值
isalnum	int isalnum(int ch)	检查 ch 是否是字母或数字	是返回 1，否则返回 0
isalpha	int isalpha(int ch)	检查 ch 是否是字母	是返回 1，否则返回 0
iscntrl	int iscntrl (int ch)	检查 ch 是否是控制字符（其 ASCII 码在 0 和 0x1F 之间）	是返回 1，否则返回 0
isdigit	int isdigit (int ch)	检查 ch 是否是数字	是返回 1，否则返回 0
isgraph	int isgraph (int ch)	检查 ch 是否是可输出字符（其 ASCII 码在 0x21 和 0x7e 之间），不包括空格	是返回 1，否则返回 0
islower	int islower(int ch)	检查 ch 是否是小写字母	是返回 1，否则返回 0
isprint	int isprint (int ch)	检查 ch 是否是可输出字符（其 ASCII 码在 0x21 和 0x7e 之间），不包括空格	是返回 1，否则返回 0
ispunct	int ispunct (int ch)	检查 ch 是否是标点字符（不包括空格），即除字母、数字和空格以外的所有可输出字符	是返回 1，否则返回 0
isspace	int isspace (int ch)	检查 ch 是否是空格、跳格符（制表符）或换行符	是返回 1，否则返回 0
isupper	int isupper(int ch)	检查 ch 是否是大写字母	是返回 1，否则返回 0
isxdigit	int isxdigit (int ch)	检查 ch 是否是一个十六进制数字	是返回 1，否则返回 0
tolower	int tolower (int ch)	将 ch 字符转换为小写字母	返回 ch 对应的小写字母
toupper	int toupper (int ch)	将 ch 字符转换为大写字母	返回 ch 对应的大写字母

3. 字符串函数（包含在 string. h 中）

函数名	函数原型	功 能	返回值
memchr	void memchr(void * buf, char ch,unsigned count)	在 buf 的前 count 个字符里搜索字符 ch 首次出现的位置	返回指向 buf 中 ch 的第一次出现的位置指针，若没有找到 ch，则返回 NULL
memcmp	void memcmp (void * buf1,void* buf 2,unsigned count)	按字典的顺序比较由 buf1 和 buf2 指向的数组的前 count 个字符	buf1 ＜ buf2,为负数;buf1 = buf2,返回 0; buf1 ＞ buf2,为正数
memcpy	void*memcpy (void * to, void * from,unsigned count)	将 from 指向的数组中的前 count 个字符复制到 to 指向的数组中（from 和 to 指向的数组不允许重叠）	返回指向 to 的指针
memove	void * memove (void* to, void* from,unsigned count)	将 from 指向的数组中的前 count 个字符复制到 to 指向的数组中（from 和 to 指向的数组不允许重叠）	返回指向 to 的指针
memset	void * memset (void * buf, char ch, unsigned count)	将字符 ch 复制到 buf 指向的数组前 count 个字符中	返回 buf
strcat	char * strcat (char * str1,char * str2)	把字符串 str2 接到 sht1 后面,取消原来 str1 最后面的串结束符"\0"	返回 str1
strchr	char * strchr (char * str, int ch)	找出 str 指向的字符串中第一次出现字符 ch 的位置	返回指向该位置的指针,若找不到,则返回 NULL
strcmp	char * strcmp (char * str1,char * str2)	比较字符串 str1 和 str2	若 str1 ＜ str2,为负数 str1 = str2,返回 0; str1 ＞ str2,为正数
strcpy	char * strcpy (char * str1,char * str2)	把 str2 指向的字符串复制到 str1 中	返回 str1
strlen	unsigned int strlen(char * str)	统计字符串 str 中字符的个数（不包括结束符"\n"）	返回字符个数

（续）

函数名	函数原型	功　能	返回值
strncat	char * strncat（char * str1，char * str2，un-signed count)	把字符串 str2 指向的字符串中最多 count 个字符连到串 str1 后面，并以 NULL 结尾	返回 str1
strncmp	char * strncmp（char * str1，char * str2，un-signed count)	比较字符串 str1 和 str2 中前 count 个字符	若 str1 ＜ str2，为负数；str1＝str2，返回 0；str1 ＞ str2，为正数
strncpy	char * strncpy（char * str1,char * str2,unsigned count)	把字符串 str2 指向的字符串中前 count 个字符复制到串 str1 中	返回 str1
strnset	void * strnset（char * buf，char　ch，unsigned count)	把字符 ch 复制到 buf 指向的数组前 count 个字符中	返回 buf
strset	void * strset（char * buf，char ch)	将 buf 所指向的字符串中的全部字符都变为字符 ch	返回 buf
strstr	void * strstr（char * str1，char * str2)	寻找 str2 指向的字符串在 str1 指向的字符串中首次出现的位置	返回 str2 指向的字符串首次出现的地址，否则返回 NULL

4. 其他函数（包含在 stdlib. h 中）

函数名	函数原型	功　能	返回值
abs	int abs（int num)	计算整数 num 的绝对值	返回计算结果
atof	double atof（char * str)	将 str 指向的字符串转换为一个 double 型的值	返回双精度计算结果
atoi	int atoi（char * str)	将 str 指向的字符串转换为一个 int 型的值	返回转换结果
atol	long atol（char * str)	将 str 指向的字符串转换为一个 long 型的值	返回转换结果
exit	void exit（int status)	中止程序运行。将 status 的值返回调用的过程	无

(续)

函数名	函数原型	功　能	返回值
itoa	char * itoa (int n, char * str, int radix)	将整数 n 的值按照 radix 进制转换为等价的字符串，并将结果存入 str 指向的字符串	返回一个指向 str 的字符串
labs	long labs (long num)	计算 long 型整数 num 的绝对值	返回计算结果
ltoa	char * ltoa (long n, char * str, int radix)	将长整数 n 的值按照 radix 进制转换为等价的字符串，并将结果存入 str 指向的字符串	返回一个指向 str 的字符串
rand	int rand ( )	产生 0 到 RAND_MAX 之间的伪随机数 （RAND_MAX 在头文件中定义）	返回一个伪随机 （整） 数
random	int random （int num）	产生 0 到 num 之间的随机数	返回一个随机 （整） 数
randomize	int randomize （ ）	初始化随机函数，使用时包括头文件 time. h	

参 考 文 献

[1] 乌云高娃，沈翠新，杨淑萍. C 语言程序设计 [M]. 3 版. 北京：高等教育出版
　　社，2015.

[2] 传智播客高教产品研发部. C 语言程序设计教程 [M]. 北京：中国铁道出版社，2015.

[3] David Griffiths, Dawn Griffiths. 嗨翻 C 语言 [M]. 程亦超译. 北京：人民邮电出版
　　社，2013.

[4] 姚琳. C 语言程序设计 [M]. 2 版. 北京：人民邮电出版社，2010.

[5] 周雅静，钱冬云，邢小英等. C 语言程序设计项目化教程 [M]. 北京：电子工业出版
　　社，2014.

[6] 陈琳. 编程语言基础：C 语言 [M]. 4 版. 北京：高等教育出版社，2016.